新型建造
工业化施工技术全图解

郭得海 编著

Full Illustrations of
New Industrialized Construction
Technology

机械工业出版社
CHINA MACHINE PRESS

本书从全国 200 多个一线工程项目的两万余张现场照片中精选出 1000 余张典型工程的工艺做法,通过大量的工程现场暴露出的问题做法和成熟做法照片来展现现代建造中重要的施工工艺环节,一图胜千文,让读者一看便明白该怎样做,不应怎样做,同时辅以少量文字形成图解。全书共分五章,图解了从铝模建造、装配式混凝土建造、高精度砌体施工、ALC 条板安装、墙体薄抹灰施工等当下新型建造的关键技术措施和作业细节。书中讲解简明易懂,用图说话,以适应当下快节奏、碎片化信息时代下工程行业人员的阅读习惯。

本书读者定位为甲方技术管理、工程监理、现场施工等一线人员,同时对设计人员也有很好的借鉴参考意义。

图书在版编目(CIP)数据

新型建造工业化施工技术全图解 / 郭得海编著 . — 北京:
机械工业出版社,2022.7
ISBN 978-7-111-70890-2

Ⅰ. ①新… Ⅱ. ①郭… Ⅲ. ①建筑施工—图解
Ⅳ. ① TU7–64

中国版本图书馆 CIP 数据核字(2022)第 090463 号

机械工业出版社(北京市百万庄大街 22 号邮政编码 100037)
策划编辑:薛俊高　责任编辑:薛俊高
责任校对:刘时光　封面设计:张　静
责任印制:李　昂
北京联兴盛业印刷股份有限公司印刷
2022 年 7 月第 1 版第 1 次印刷
184mm × 260mm・16 印张・2 插页・324 千字
标准书号:ISBN 978-7-111-70890-2
定价:79.00 元

电话服务　　　　　　网络服务
客服电话:010-88361066　机　工　官　网:www.cmpbook.com
　　　　　010-88379833　机　工　官　博:weibo.com/cmp1952
　　　　　010-68326294　金　书　网:www.golden-book.com
封底无防伪标均为盗版　机工教育服务网:www.cmpedu.com

前 言
PREFACE

2020 年 7 月，《住房和城乡建设部等部门关于推动智能建造与建筑工业化协同发展的指导意见》，进一步明确提出了智能建造与建筑工业化协同发展的新型建造产业体系，推进智能建造技术和与之相应的理念已经成为国家实现建筑业高质量发展的关键举措。

基于目前我国建筑业产业化和工业化水平不高、劳动力素质有待提高的现状分析和建筑业绿色、低碳发展的政策导向，如何提高建筑业劳动生产率，推动建造全过程、全专业、全参与方和全要素协同、实时管控的新型建造技术，正在成为建筑业的大势所趋。

与此相应地，以装配式建筑、铝模建造工艺等为代表的新型建造技术已成为推动建筑业高质量发展和实现建筑业转型升级的重要抓手。但是目前在推进新型建造过程中仍存在发展理念不清晰、工艺标准化有待普及、技术落地不实等情况。本书作者通过对上百个在建和已建工程项目的调研和实践，利用样本和切片的分析方式，就当前采用的新型建造工艺、新工法在施工现场中的优秀表现及施工中暴露出的各种典型问题加以系统地分类、归纳和总结，以期给广大的建筑从业者提供借鉴和学习经验并从中吸取教训，从而为推动我国建筑业实现高质量、绿色低碳的健康发展贡献一点微薄之力。

本书读者定位为甲方技术管理、工程监理、现场施工等一线人员，同时对设计人员也有很好的借鉴参考意义。设计人员可以通过本书大量的典型案例图示照片，真实地了解现场实际情况，以便从源头上使得设计更符合工程实际，实现精细化设计，减少二次深化设计内容和设计变更，更好地符合新型建造工业化的要求。

本书共分五章，分别从铝模建造、装配式混凝土建造、高精度砌体施工、ALC 条板安装、墙体薄抹灰施工五大部分阐释了当下新型建造的关键技术措施和作业细节。同时，考虑到当前读者的阅读习惯和时间的紧缺，为便于其学习和使用，本书不进行大段的理论分析和概念讲解，而以现场照片为主（照片取自全国 200 多个一线工地的两万余张照片，从中精选出 1000 余张），通过大量的工程现场暴露出的问题做法和成熟做法照片来展现重要的施工工艺环节。同时辅以少量文字形成图解，讲解也尽可能简明易懂，用图说话，以适应当下快节奏、碎片化信息时代下工程行业人员的阅读习惯。本书的编写思路也是经过作者和出版社策划编辑反复讨论、慎重思考后的一种尝试，是否能受到读者的欢迎当然还需要市场和时间的检验，最终要由读者来评判。同时需要说明的是，目前建筑行业仍是以住宅建筑为主的，故本书对建造工艺和技术的图解讲述，也以住宅建筑为主，公共建筑可参考住宅建筑的部分做法。

编者从事建筑行业 15 年来，经历了施工单位、监理单位、建设单位的技术及管理工作，深刻体会到现场实践经验的重要性，全书所有的照片均来自一线工地，照片的提供者包括我的前同事：李晓晶、童锐、安龙飞、董辉、彭家伟、孙晓飞，在此对他们的支持和帮助表示感谢！

虽然殚精竭虑对待本书每一幅照片的选取、每一句话的斟酌、每一章节的架构，但鉴于时间仓促、本人学识水平和经验有限，疏漏和不足之处在所难免，欢迎广大读者提出宝贵意见，并予以批评指正，谢谢！

郭得海

2022 年 3 月 26 日

目 录
CONTENTS

第1章

铝模建造工艺

本章提要

　　本章以铝模的结构优化为基点，从铝模设计节点：外墙是否全现浇、窗企口、墙体免抹灰、滴水线、门过梁及墙垛等是否一次成型工艺做法的确定，铝模板的拼装、背楞加固、支撑方式，一直到总包单位确定现场施工方案如：外架形式、放线孔、泵管孔等针对项目结构的前瞻性，做好对项目问题的预判，以便提前解决，使项目进展得更顺利。铝模通过前期图纸深化碰撞，对项目施工节点的优化，结合各专业的安装要求，从而实现内部结构的交接优化，更好地解决传统的交接困难及二次施工等问题。

1.1

配板、拼装系统

铝合金模板简称铝模，按照铝模的国家标准，铝模一般选用 6061-T6 铝型材，厚度 4mm，重量 19~27kg/m²，承载力 40~60kN。本节从铝模的标准配板和非标配板展开阐述不同部位铝模的现场常见拼装做法及不合理做法。

1.1.1 标准配板

1. 模板规格

（1）墙模宽度，一般以 400mm 和 500mm 宽度作为标准模板，其他辅助宽度包括：300mm、250mm、200mm、150mm、100mm 及 50mm。按铝模面层的成型工艺可分为镀膜亚光面和磨砂面，见图 1.1-1、图 1.1-2。

图 1.1-1 亚光面

图 1.1-2 磨砂面

（2）墙模长度，根据不同用户的建筑特点可将长度改为通长（即 L = 层高−板厚−50mm）或者采用在标准模板＋上接的形式。

（3）矩形柱模，标准宽度有 400mm 和 200mm 两种，可以通过上下、左右连接成所需尺寸的柱模，并以 50 为模数任意调整，按需配板。

（4）顶板模板，常见的有 400mm 和 500mm 两种宽度，以 1100mm 和 1200mm 两种长度作为标准版形。

2．墙柱铝模拼装（以对拉螺栓体系为例）

（1）墙柱铝模由定型墙板模（内墙模板和外墙内模底部设 60×40 角铝，外墙外侧模板顶部设 K 板）、背楞、对拉螺杆和斜撑组成，见图 1.1-3、图 1.1-4。

图 1.1-3　墙板按编码依次安装

图 1.1-4　柱模板拼装

（2）底部角铝与墙板模采用螺栓连接（图 1.1-5），墙板模之间、墙板模与 K 板之间采用销钉连接，销钉间距一般为 300mm。

（3）首层外墙铝模墙板底部须设置木方加固，以防止漏浆，见图 1.1-6。

图 1.1-5　墙板底部的角铝连接

图 1.1-6　首层外墙铝模底部采用木方加固以防漏浆

（4）墙体根部采用干硬性砂浆或干砂填塞密实（图 1.1-7、图 1.1-8），不应采用预拌砂浆、发泡剂、编织袋封堵（图 1.1-9~图 1.1-11）。

图 1.1-7　采用干硬性砂浆封堵

图 1.1-8　采用干砂封堵

图 1.1-9　采用预拌砂浆封堵（×）[⊖]

图 1.1-10　编织袋封堵（×）

图 1.1-11　发泡剂封堵（×）

⊖ 括号内画 × 者为不建议做法，全书余同。

3．飘窗板铝模拼装

（1）飘窗板铝模由板模、角铝和背楞组成。

（2）飘窗板采用全封闭拼装工艺，上部预留可拆卸振捣口，见图 1.1-12、图 1.1-13。浇筑混凝土时振捣口处的模板先不安装，待混凝土振捣后，将振捣口处的盖板安装并加固背楞。

图 1.1-12　飘窗板采用全封闭拼装

图 1.1-13　振捣口兼排气孔

4．梁铝模拼装

（1）梁模由定型梁底模、角铝、定型梁侧模和梁支撑组成，梁支撑下设支撑杆，支撑杆间距≤1200mm，如图 1.1-14 所示。

（2）底模、角铝和侧模之间采用销钉固定连接。

（3）销钉布置原则：模板（角铝、C 槽）两端部均需设置销钉、中部销钉间距不大于 300mm，如图 1.1-15、图 1.1-16 所示。

（4）梁模通过 C 槽与剪力墙模相连。

图 1.1-14　梁铝模拼装

图 1.1-15　梁铝模 C 槽拼装

图 1.1-16　销钉间距（600mm）过大（×）

5．楼板铝模拼装

（1）楼板铝模由龙骨、板支撑、板模组成，板支撑下设支撑立杆，如图 1.1-17、图 1.1-18 所示。

图 1.1-17　龙骨安装

图 1.1-18　楼板的铝模支撑

（2）龙骨、板支撑和板模之间采用销钉固定连接。

（3）销钉布置原则：模板（C 槽）两端部均需设置销钉，中部销钉间距不大于300mm，如图 1.1-19 所示。

（4）板模通过 C 槽与剪力墙模和梁模相连，如图 1.1-20 所示。

图 1.1-19　销钉间距 300mm

图 1.1-20　板模连接效果

6．楼梯铝模拼装

（1）楼梯铝模一般由楼梯底模、踏步盖板、梯步侧板和背楞组成，安装时应设置反三跑配板，如图 1.1-21 所示。

（2）楼梯铝模采用全封闭拼装工艺，拼装时随相邻墙模一块拼装（采用特殊 C 槽连接）。踏步盖板需留设振捣口，如图 1.1-22 所示。

（3）踏步模板、侧板和剪力墙模之间均采用销钉连接。

图 1.1-21　楼梯设置反三跑

图 1.1-22　楼梯踏面留设振捣口

1.1.2　非标配板

1．吊模拼装

（1）厨卫降板吊模结构施工采用铝模板同反坎一同支模，如图 1.1-23 所示。同时吊模拼装中应避免出现图 1.1-24 所示的情况。

（2）铝模板采用角钢固定，如图 1.1-25、图 1.1-26 所示。

此种方法的弊端是：吊模、吊架固定困难；混凝土浇筑过程中容易出现偏移，见图 1.1-24。

图 1.1-23　吊模拼装

图 1.1-24　吊模拼装严重错位（×）

图 1.1-25　吊模顶部采用角钢固定

图 1.1-26　侧边采用钢筋三角焊接固定

2．K 板配板

K 板（又称转承板）对上下相邻楼层的平整度、垂直度起着至关重要的作用，其正确的安装能够有效防止错台。在外墙、电梯井、楼梯井等连续剪力墙的部位设置，板宽宜为

300~400mm，预埋可拆卸的 M18×80 螺栓，预埋位置为混凝土完成面下部 80~100mm 位置。K 板安装高度宜高于混凝土完成面 50mm，如图 1.1-27~ 图 1.1-30 所示。

图 1.1-27　K 板配板

图 1.1-28　K 板完成面高出结构 50mm

图 1.1-29　电梯井 K 板

图 1.1-30　不同标高处 K 板拼装

3．外立面线条配板拼装

外立面竖向通长线条可采用非标准铝模板一次带出，水平造型若仅在部分楼层，可采用铝木结合进行配板，如图 1.1-31~ 图 1.1-34 所示。

图 1.1-31　竖向线条铝模拼装

图 1.1-32　造型柱内侧采用木盒

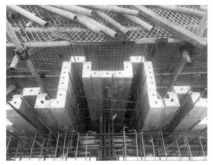

图 1.1-33　竖向线条对称拼装

图 1.1-34　弧形造型铝模拼装

4．下挂梁（板）、门垛拼装

　　铝模结构图纸深化时应将门窗过梁下挂，门垛等部分采用二次构件一次性带出拼装，同时考虑二次结构采用砌块类型和抹灰情况，决定是否压槽，参见图 1.1-35~图 1.1-38。

图 1.1-35　下挂梁拼装

图 1.1-36　墙垛拼装

图 1.1-37　下挂板拼装　　　　　　　　图 1.1-38　下挂梁压槽企口

5.变形处墙体配板

变形缝内墙体模板采用整体铝模板，模板与次龙骨和主龙骨固定为一个整体，将山型卡和螺母、山型卡和主龙骨焊设为一体，采用整体吊装固定。在变形缝模板内侧面提前焊接螺母，在模板支撑时从室内一侧穿入对拉螺杆后拧紧拉结，该做法安装方便快捷，操作难度小，省工省料，参见图 1.1-39~图 1.1-42。

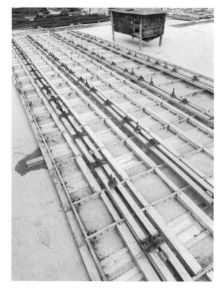

图 1.1-39　拼接成整体大模板　　　　　图 1.1-40　模板单侧整体安装

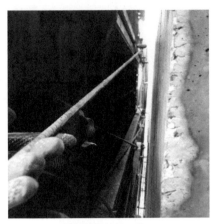

图 1.1-41　螺帽紧固加长工具

图 1.1-42　单侧螺帽固定

1.2

支撑及加固系统

　　铝模拼装施工中，支撑及加固系统是保证主体结构质量最重要的因素。为便于读者理解学习，本节对各个部位的支撑及加固方式从正反两方面进行了对比说明。

　　支撑及加固系统主要分以下几种：

　　（1）梁支撑：与支撑立杆一起传递荷载，用销钉销片与梁底板相连接。梁支撑必须待结构达到相应强度后才能拆除。

　　（2）板支撑：与支撑立杆一起传递楼板（飘板）荷载，用销钉销片与龙骨（楼面板）连接，楼板（飘板）支撑必须待结构达到相应强度后方能拆除。

　　（3）斜撑：用于固定墙模，可调节墙模水平位置及其垂直度。

　　（4）C槽：主要起承载、传递的作用。

　　（5）加固系统：围檩（背楞）。

　　（6）杆件：主要起加固作用，类似于木模加固的钢管。

　　（7）螺杆：起拉结作用，常用于墙体固定，一般外套PVC管。

　　（8）销钉：起固定作用，类似于钉子，用途广泛，一般分短钉、中钉和长钉。

　　（9）销片：起到锁住销钉的作用。

1.2.1 梁、板、楼梯竖向支撑

梁、板竖向支撑主要为可调钢支撑，一般分螺栓式和直顶式两种，支撑间距不宜大于1300mm，见图 1.2-1、图 1.2-2。消防连廊梁、板、装配式叠合板、悬挑部位、飘窗等支撑需要施工图纸深化后再确定支撑数量，见图 1.2-3~图 1.2-6。楼梯支撑应垂直于水平面布置，不应倾斜，如图 1.2-7~图 1.2-10 所示。

图 1.2-1　螺栓式钢支撑

图 1.2-2　直顶式钢支撑

图 1.2-3　消防连廊支撑加密

图 1.2-4　叠合板支撑

图 1.2-5　飘板支撑

图 1.2-6　阳台铝模板支撑

图 1.2-7　楼梯竖向支撑

图 1.2-8　快拆体系支撑

图 1.2-9　楼梯支撑不竖直（×）

图 1.2-10　支撑头角度不匹配（×）

1.2.2 墙体斜撑布置

斜撑在铝合金模板系统中主要用于模板安装过程中调整模板垂直度和混凝土浇捣过程中保持模板的垂直度，可采用三角斜撑或小斜撑＋钢丝绳的固定方式。

（1）墙斜撑间距不宜大于 2000mm，长度小于 2000mm 的墙体斜撑不应少于两根且应对称布置。斜撑一般支撑于竖向背楞，对调整模板垂直度、平整度效果较好，外墙斜撑可结合钢丝绳固定，参见图 1.2-11~图 1.2-16。柱模板斜撑间距不应大于 700mm，当柱截面尺寸大于 800mm 时，单边斜撑不宜少于两根，斜撑距端部不大于 500mm，见图 1.2-17。

（2）斜撑长杆与地面夹角为 45°~55°，短杆与地面夹角为 10°~15°。

（3）对拉片体系下墙板底部设置小斜撑，用来保证墙板对线安装，见图 1.2-18。墙板顶部设置斜单顶与钢丝绳，以便调节墙柱的垂直度。

图 1.2-11　墙体斜撑对称布置

图 1.2-12　墙体斜撑间距不满足要求（×）

图 1.2-13　墙体斜撑间距不应大于 2000mm

图 1.2-14　墙体斜撑固定在竖向背楞

图 1.2-15　墙体没有设置斜撑（×）

图 1.2-16　外墙斜撑结合钢丝绳固定

图 1.2-17　斜撑距端部不应大于 500mm

图 1.2-18　拉片体系下采用小斜撑固定

（4）斜撑与楼板采用钢钉或预埋件固定时，应避开水电管线区域。楼面板浇筑时在顶板上预埋ϕ16 钢筋，作为固定斜支撑的定位筋如图 1.2-19、图 1.2-20 所示。严禁在楼板上钻孔，避免破坏预埋的水电线管图，如图 1.2-21、图 1.2-22 所示。

图 1.2-19　斜撑预埋件固定

图 1.2-20　螺栓固定斜撑支座

图 1.2-21　后钻孔固定斜撑支座（×）　　　图 1.2-22　采用木板固定斜撑支座（×）

1.2.3　销钉销片的安装

相邻模板连接销钉数量的要求，主要目的在于保证相邻模板间传力的可靠性。销钉间距不宜大于 300mm，模板顶端与转角模板或承接模板连接处、竖向模板拼接处，销钉需要加密，间距不宜大于 150mm，参见图 1.2-23~图 1.2-26。

图 1.2-23　墙板销钉销片间距 300mm　　　图 1.2-24　板销钉销片间距过大（×）

图 1.2-25　C 槽销钉销片间距过大（×）　　　图 1.2-26　板销钉销片大面积缺失（×）

1.2.4 背楞加固

铝合金模板体系中，背楞的主要作用在于增加墙柱模板的侧向刚度，保证拆模后混凝土的成型质量。背楞间距过大，墙模板侧向刚度不够，容易造成"爆模"，拆模后混凝土垂直度、平整度难以达到要求。

1. 墙柱背楞加固

（1）层高不大于3.3m的楼栋，对于螺杆体系：背楞一般采用"内四外五"的方式进行墙体加固，即内墙4道背楞，外墙5道背楞，如图1.2-27、图1.2-28所示。对于对拉片体系，背楞一般采用"内三外四"的方式进行墙体加固，即内墙3道背楞，外墙4道背楞，如图1.2-29、图1.2-30所示。

（2）转角及异形墙体处设置定型背楞，如图1.2-31~图1.2-34所示。墙体的转角端必须设置对拉螺杆，对拉螺杆直径不应小于18mm。

图1.2-27 螺栓体系内墙四道背楞

图1.2-28 螺栓体系外墙五道背楞

图1.2-29 拉片体系内墙三道背楞

图1.2-30 拉片体系外墙缺少一道背楞（×）

图 1.2-31 Z 形转角背楞

图 1.2-32 L 形背楞

图 1.2-33 L 形对称背楞

图 1.2-34 几字形背楞

2．飘窗及洞口位置背楞加固

（1）飘窗板顶增设背楞，采用对拉螺杆固定，如图 1.2-35、图 1.2-36 所示。飘窗两侧应采用转角背楞一体化，目的在于控制墙柱转角处模板的变形。笔者常年工地实际考察中发现，在墙柱转角处，若背楞没有一体化，则容易出现"爆模"现象，混凝土成型质量难以达到要求，参见图 1.2-37~图 1.2-40。

图 1.2-35　下飘板顶部背楞加固

图 1.2-36　上飘板顶部背楞加固

图 1.2-37　转角背楞一体化焊接

图 1.2-38　飘窗两侧背楞一体化加固

图 1.2-39　飘窗两侧背楞断开（×）

图 1.2-40　飘窗两侧无背楞加固（×）

（2）在跨洞口处，洞口宽度不大于 1500mm 时，相邻墙肢的模板背楞不宜断开，可按上下拉通中间断开设置，从而保证跨洞口处混凝土的成型质量。工地实际考察中发现，在跨洞门处的混凝土成型质量经常达不到要求，短肢墙的情况尤其严重。当将相邻墙肢的背楞连为一体时，混凝土成型质量就能够得到较好的保障，如图 1.2-41~图 1.2-44 所示。

图 1.2-41　相邻构造柱之间背楞拉通

图 1.2-42　墙体施工洞口背楞拉通

图 1.2-33　洞口背楞拉通

图 1.2-44　施工洞口背楞未拉通（×）

3．止水坎背楞加固

厨卫间、阳台等防水反坎铝模深化时应同主体结构进行一次浇筑，成型效果一般较好。所以应尽量避免后期二次结构时重新支设木模、浇筑混凝土。

（1）降板处宜采用预埋对拉螺栓形式进行支撑固定。预埋螺栓的位置应避开有防水要求的楼板部位。

（2）反坎宽度同二次结构宽度；反坎高度要与砖的模数匹配，以便于后期二次结构砌筑。

（3）反坎要设置背楞。如果不设背楞，混凝土浇筑时会出现胀模现象。

（4）反坎浇筑的方法有两种：

第一种是反坎做吊模，用吊架固定，吊架与顶板用穿墙螺栓连接固定，见图1.2-45。此种方法的弊端是：吊模、吊架固定困难（图1.2-46），混凝土浇筑过程中容易出现偏移。

 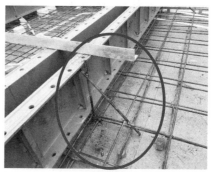

图1.2-45　反坎吊模加固　　　　图1.2-46　吊模加固困难

第二种方法是反坎放在下面与墙体连接，如图1.2-47~图1.2-50所示。此种方法反坎的浇筑成型质量较好。需要注意：墙体浇筑时，混凝土坍落度要合适，确保混凝土能够流入反坎中，同时安排专人用手持振捣棒振捣，确保反坎混凝土振捣密实。经过实践检验该方法更适合整体混凝土成活质量，应优先采用。

图1.2-47　反坎竖向背楞加固　　　图1.2-48　竖向背楞加固不到位（×）

 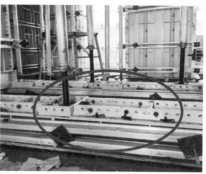

图1.2-49　横向背楞加固方式一　　图1.2-50　横向背楞加固方式二

4．上翻梁、下挂梁（板）背楞加固

当梁高度大于 600mm 时，宜在梁侧模板处设置背楞，梁侧模板沿高度方向拼接时，应在拼接缝附近设置横向背楞，参见图 1.2-51。当梁与墙、柱齐平时，梁背楞宜与墙、柱背楞连为一体，当不设置背楞时，容易导致梁体出现水平方向偏位，如图 1.2-52 所示。

当梁（板）高≤600mm 时，可直接采用销片固定；当 600mm＜梁（板）高≤800mm 时，加设一道对拉螺栓；当梁（板）高＞800mm 时，加设不少于两道的对拉螺栓，如图 1.2-53~图 1.2-58 所示。

图 1.2-51　框架梁设置横向背楞

图 1.2-52　梁混凝土截面尺寸偏位

图 1.2-53　下挂梁未设置背楞（×）

图 1.2-54　下挂板未设置背楞（×）

图 1.2-55　背楞未连通（×）

图 1.2-56　窗下梁两道背楞加固

图 1.2-57　背楞加固未通长（×）

图 1.2-58　加固背楞过少（×）

5．楼梯背楞加固

楼梯间墙模板被楼梯板隔断，成型质量不容易满足要求。双跑楼梯可沿梯段设置一道斜向背楞，剪刀楼梯可设置两道斜向背楞，以增加楼梯间隔墙模板的整体性。同时为防止踏步盖板上浮，应沿踏步方向在踏步上设置一道或两道背楞，如图 1.2-59~图 1.2-64 所示。其他位置，如洞口、悬挑等，应采取加垫块、支撑等方式保证模板的承载力、刚度及稳定性。

图 1.2-59　楼梯踏面采用一道背楞加固

图 1.2-60　剪刀梯踏面采用两道背楞加固

图 1.2-61　背楞断开（×）

图 1.2-62　楼梯底面用背楞加固

图 1.2-63　楼梯未用背楞加固（×）

图 1.2-64　楼梯底面用一道背楞加固

6．电梯井道内撑及背楞加固

电梯井道墙板背楞安装间距同墙板，宜为 L 形布置，且每层背楞之间均应布置对顶支撑，如图 1.2-65、图 1.2-66 所示。

图 1.2-65　电梯井背楞加固

图 1.2-66　井道背楞及顶撑不足（×）

7．K 板背楞加固

外墙 K 板的预埋螺钉必须提前牢固预埋在下层的混凝土内，两个螺钉间距不能超过 1200mm，且单板不能少于 2 个；K 板采用对拉螺杆加固，螺杆外侧设置一道背楞，内侧固定于顶板的 C 槽，外侧拉结 K 板，保证 K 板不往外胀模，如图 1.2-67~图 1.2-72 所示。混凝土浇筑完成初凝前，外墙外侧模板上表面水泥浆必须清理干净；K 板在上一层混凝土浇筑完成后方可以拆除。

图 1.2-67　竖向背楞加固

图 1.2-68　横向背楞加固

图 1.2-69　K 板未加固背楞（×）

图 1.2-70　K 板未设置锥形螺钉（×）

图 1.2-71　转角 K 板背楞加固

图 1.2-72　连廊处 K 板采用角钢对拉

1.3

全现浇混凝土外墙

全现浇混凝土外墙，可充分利用铝模施工的优势，二次结构一次浇筑成型，设置防渗漏门窗安装企口，实现外墙结构自防水，减少外墙、窗边渗漏等质量隐患，杜绝了外墙裂缝等质量通病，而且减少了交叉工序（砌筑、抹灰、贴砖等湿作业）。外墙实现了免抹灰，而且后期外墙涂料可用吊篮进行施工，实现穿插作业，节约了工期，提高了效率，因此受到行业的广泛推崇。

铝模与全混凝土外墙是"最佳拍档"，二者结合能够充分发挥铝模施工速度快、实现穿插施工等诸多优势。

1.3.1 结构拉缝

结构计算需要外墙全部采用混凝土墙体时，可采用结构拉缝的形式将非结构外墙、窗下墙等与结构外墙分隔开，在保证外墙一次浇筑的同时，既可避免非结构外墙现浇造成结构刚度过大，又可避免二次砌筑造成的渗漏隐患。

结构拉缝材料应符合防火、防水、弹性、强度、耐候性等要求，可采用高强度挤塑板（压缩强度≥150kPa），也可采用PVC-U（未增塑聚氯乙烯）型材，如图1.3-1、图1.3-2所示。

图 1.3-1　PVC 水平拉缝板

图 1.3-2　PVC 竖向拉缝板

此做法将外墙砌筑部分在设计阶段通过设置 PVC-U（未增塑聚氯乙烯）型材与主体结构脱开、配置构造钢筋的方式，调整为采用钢筋混凝土构造墙体，与主体结构一次浇筑完成，实现了外墙全现浇的目的。构造墙体厚度及混凝土强度与主体墙体相同，构造墙体的配筋为 ϕ6@200；固定钢筋的直径与间距由设计方经验算拉缝处的截面抗剪后确定，如图 1.3-3、图 1.3-4 所示。

图 1.3-3　水平拉缝采用挤塑板

图 1.3-4　水平拉缝采用 PVC 板

在安装竖向结构拉缝时，注意定位筋的长度不要超过墙体钢筋厚度，两端满足保护层厚度。在安装横向结构拉缝时，应在混凝土初凝时安装，禁止在混凝土终凝后安装。在安装竖向结构拉缝时，拉缝板上口用胶带封口以防止混凝土进入板内，如图 1.3-5、图 1.3-6 所示。

图 1.3-5　窗下墙竖向拉缝安装

图 1.3-6　构造墙竖向拉缝安装

经过大量的实践检验发现，无论结构拉缝是否按照图纸施工，实际墙体中均存在不同程度的斜向 45° 角裂缝（图 1.3-7）。因此为了防止裂缝出现，现场施工时常设置斜向钢筋防止墙体混凝土开裂，如图 1.3-8 所示。

图 1.3-7　窗下墙 45°裂缝　　　　　　　　　图 1.3-8　设置斜向钢筋以防开裂

　　对于结构拉缝处墙体的开裂，裂缝后期可进行维修，通常采用开槽法修补和表面覆盖修补两种方式。前者适合于修补较宽裂缝（大于 0.5mm），方法为：采用改性环氧树脂砂浆嵌入已凿好的缝槽（图 1.3-9、图 1.3-10），待完全初凝后，再开始洒水养护。后者一般针对微细裂缝（宽度小于 0.5mm），方法为：在出现裂缝的表面上涂膜，以达到修补混凝土微细裂缝的目的，这种方法的缺点是修补工作无法深入到裂缝内部，对延伸裂缝难以追踪其变化。

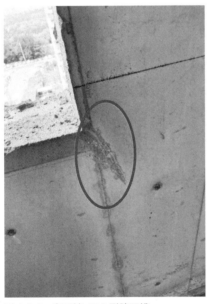

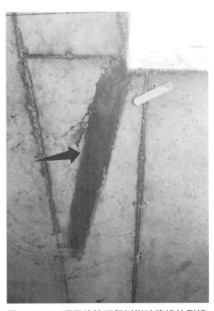

图 1.3-9　窗下墙 45°裂缝开槽　　　　　图 1.3-10　采用改性环氧树脂砂浆修补裂缝

1.3.2　外窗企口

外窗企口是在支设主体结构洞口模板时，按照图纸设计对门窗洞口四周增加一定厚度和宽度的压槽，使洞口在混凝土浇筑后直接形成内高外低企口成型的新型支模方式，以有效避免外窗渗漏隐患，提高防止外窗渗漏的质量及满足室内薄抹灰要求。

铝模全现浇混凝土外墙结构体系下，外窗均可设置企口，企口的设置需考虑窗户安装方式及缩尺尺寸、外保温厚度、抹灰要求、室内装修因素等的影响，在图纸深化时应加以优化，如图 1.3-11、图 1.3-12 所示。

图 1.3-11　窗四周设置企口

图 1.3-12　企口尺寸应符合设计要求

若窗框采用拉片固定，可在铝模深化时一次带出拉片压槽（图 1.3-13），设计深化时要考虑拉片设置的位置及方向。实际现场中常发现部分压槽位置和规格预留错误，如图 1.3-14~图 1.3-20 所示，结果导致二次返工。若窗框采用螺栓固定，则可不设压槽。

图 1.3-13　窗框拉片压槽一次带出

图 1.3-14　拉片槽预留过小（×）

图 1.3-15　拉片位置和预留不匹配（×）

图 1.3-16　窗企口未设置拉片压槽（×）

图 1.3-17　窗企口铝模拼装错误（×）

图 1.3-18　飘窗上侧未设置拉片压槽

图 1.3-19　企口深度过大（×）

图 1.3-20　拉片压槽预留合理

1.3.3 外墙螺栓孔封堵

对拉螺杆体系下的铝模外墙螺栓孔的封堵常用以下两种方法：

做法一：

（1）采用 1:2 干硬性微膨胀水泥砂浆从墙体内侧堵塞到墙体中部，再从外侧封堵并压实。

（2）待外侧水泥砂浆干燥后，在外侧孔洞及周边分两遍涂刷 JS 或聚氨酯防水涂料，涂刷范围为直径 100mm 的圆形。

做法二：

采用配套成品锥形预制棒，接触面涂抹一层微膨胀砂浆进行填塞，外侧涂刷两遍 JS 或聚氨酯防水涂料，涂刷范围为直径 100mm 的圆形，如图 1.3-21~图 1.3-23 所示。

图 1.3-21 成品预制棒

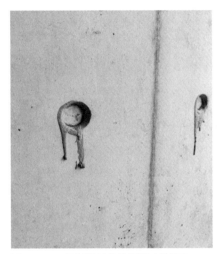

图 1.3-22 预制棒外涂微膨胀砂浆填塞

图 1.3-23 涂刷两道聚氨酯防水

经过大量的实际现场检查发现，外墙螺栓孔封堵主要存在以下问题：

（1）外墙螺杆孔洞封堵完成后，未及时涂刷防水涂料或涂刷不到位，留下渗漏隐患，如图 1.3-24 所示。

（2）未采用微膨胀砂浆对螺栓孔洞进行封堵，造成螺杆孔洞内封堵砂浆出现空鼓开裂，留下渗漏隐患。

（3）封堵砂浆不密实，局部采用发泡胶替代，留下渗漏隐患，如图 1.3-25、图 1.3-26 所示。

图 1.3-24　螺栓孔防水涂刷不到位（×）

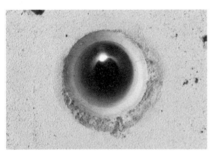

图 1.3-25　螺栓孔封堵不密实（×）

图 1.3-26　螺栓孔封堵砂浆脱落

1.4

钢筋及混凝土工程

1.4.1　钢筋工程

1．墙柱钢筋定位

（1）测量放线。标高控制点的设置需满足现场墙柱及梁板标高的控制。先在楼面板上弹好墙柱边线及控制线（图 1.4-1），用于检验模板是否偏位以及校正模板垂直度、平整度和方正度。墙柱钢筋绑扎完毕后还需将标高引测至墙柱钢筋上，以便用于控制水电预埋管线及线盒的标高。

（2）定位钢筋的焊接。模板定位筋采用 ϕ10 螺纹钢，定位筋通过焊接固定在剪力墙筋上，距离墙根部 60~70mm（要高于角铝）；剪力墙端部和中部均需设置定位筋，中部定位筋间距不超过 1000mm。定位筋需派专人焊接，要求精确定位，不伤及主筋，如图 1.4-2 所示。

图 1.4-1　墙柱控制线及定位筋

图 1.4-2　超高层型钢混凝土柱钢筋定位焊接

墙模安装前，工长需对定位筋进行检查，合格后方可进行封模。墙模安装过程中应注意对定位筋的保护，避免定位筋失效，如图 1.4-3、图 1.4-4 所示。施工现场检查中常常发现，部分墙体无定位钢筋及保护层控制措施，导致墙体出现偏位及浇筑后钢筋外漏现象，如图 1.4-5~图 1.4-8 所示，因此需加强现场在此方面的管理。

图 1.4-3　成品墙柱定位筋焊接

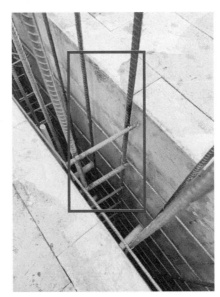

图 1.4-4　墙柱定位筋焊接固定

图 1.4-5　墙体钢筋偏位过大（×）

图 1.4-6　暗柱钢筋偏位严重（×）

图 1.4-7　墙柱混凝土保护层过小（×）

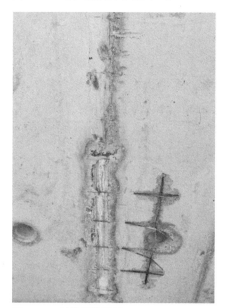

图 1.4-8　墙体漏筋严重

2．楼梯、楼板钢筋定位

楼梯反三跑处常存在钢筋保护层偏大或偏小现象，如图 1.4-9、图 1.4-10 所示。这会造成后期混凝土开裂，故需在施工过程中加强管控。

图 1.4-9　楼梯钢筋未设置垫块（×）　　　　图 1.4-10　楼梯钢筋保护层过大（×）

顶板钢筋保护层可采用垫块及马凳控制，也可采用定制水泥预制块（图 1.4-11）控制，若现场控制措施或管理不到位，将会造成楼板钢筋外露严重，如图 1.4-12、图 1.4-13 所示。

图 1.4-11　楼板钢筋保护层专用水泥预制块

图 1.4-12　楼板放射筋外露严重　　　　　图 1.4-13　楼板钢筋外露

3．传料口钢筋

楼板铝模传料口采用铁质模板，在传料口模板的四边的下半部分按照顶板钢筋间距留置"梳子口"，以便于钢筋穿过，如图 1.4-14 所示。等混凝土浇筑完成并达到规定强度后可在传料口位置断开钢筋，便于后期传料，装配式楼栋叠合板拼缝处可设置传料口，如图 1.4-15所示。如果传料口位置钢筋绑扎断开，则按设计要求进行洞口钢筋加强，需要植筋后再进行混凝土浇筑，如图 1.4-16 所示。在施工现场中由于管理不到位，现场传料口位置未按要求植筋现象普遍存在，如图 1.4-17 所示。

图 1.4-14　传料口采用"梳子口"模板

图 1.4-15　传料口设置在叠合板拼缝处

图 1.4-16　传料口位置植筋后浇筑

图 1.4-17　传料口未按要求植筋（×）

4.铝模深化部位钢筋

铝模深化过程中，常将墙垛、梁（板）下挂及外立面造型等一次性带出。但在施工过程中，由于技术交底及管理不到位，导致优化部位配筋并未按图纸要求设置，存在质量隐患，常见情形如图 1.4-18~图 1.4-23 所示。

图 1.4-18 深化墙垛构造钢筋绑扎

图 1.4-19 深化墙体未设置构造钢筋

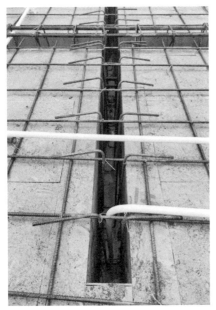

图 1.4-20 板下挂吊筋绑扎

图 1.4-21 梁下挂部位未设置钢筋

图1.4-22　造型柱优化构造钢筋绑扎

图1.4-23　造型柱配筋绑扎不到位

5．反坎部位钢筋

　　铝模深化过程中，常见做法是将厨、卫管道井等反坎部位一次性带出，但由于现场加固操作困难，浇筑混凝土时反坎容易偏位，因此大部分项目采取后植筋方法进行反坎钢筋绑扎，再二次浇筑（图1.4-24）。但个别项目中，由于现场管理不到位，未按图施工，结果出现了素混凝土反坎现象，如图1.4-25所示。

图1.4-24　反坎部位钢筋未按设计要求
植筋（×）

图1.4-25　反坎未按要求设置钢筋（×）

1.4.2 混凝土工程

铝模应从设计的标准化要求、线条的简洁化要求（外墙设计应尽可能减少线条装饰，简单造型的线条宜与铝模板体系一并支模浇筑成型）、设计的模数化要求（铝模以 50mm 为模数为宜，避免出现结构净距小的凹凸构件）、建筑的单体长度要求、建筑立面的材质要求、最小净距要求等方面进行深化，在保证质量的前提下，提高施工效率。

1．优化分户箱部位砌筑墙体、门（窗）垛、下挂梁、构造柱、反坎

常见砌筑墙体中，分户箱电气管线较多，后期砌筑质量控制较为困难。可在铝模深化过程中，不影响结构安全的前提下，将其优化为混凝土构造墙体，和主体结构一次浇筑成型，如图 1.4-26~图 1.4-28 所示。

图 1.4-26 配电线处优化为混凝土墙体

图 1.4-27 一次浇筑成型效果

图 1.4-28 砌筑墙体优化成混凝土后的效果

当门窗洞口边存在小墙垛时，可在小墙垛内设置构造钢筋，与主体结构一次浇筑成型（图1.4-29），避免小尺寸墙垛砌筑困难，同时也节省了工期。门窗过梁也可改为梁下设置挂板一次浇筑成型（图1.4-30）。笔者在现场检查中发现，下挂部分模板对加固要求尤为重要，如果加固措施不到位，很容易出现偏位现象，如图1.4-31所示。

图1.4-29　构造柱及墙垛一次带出效果　　图1.4-30　下挂梁一次浇筑成型　　图1.4-31　加固不到位导致偏差过大

构造柱深化时最好能同主体结构一同支模浇筑。根据设计要求，底部常采用挤塑板或干砂断开，如图1.4-32~图1.4-34所示。卫生间部位构造柱截面尺寸往往过小，若铝模加固、混凝土振捣不到位，混凝土墙体很容易出现蜂窝孔洞，如图1.4-36所示。

卫生间反坎及公区管道井墙体可根据户型要求，适当优化，如图1.4-35、图1.4-37所示。但有些项目中，由于现场管理不到位，反坎施工时未设置钢筋（图1.4-25），只能砸掉重新施工。

图1.4-32　构造柱根部混凝土受损　　　　　图1.4-33　构造柱底部采用干砂断开

图 1.4-34 构造柱底部采用挤塑板断开

图 1.4-35 反坎同墙一次浇筑成型

图 1.4-36 构造柱混凝土蜂窝、孔洞严重

图 1.4-37 管道井部位同墙体浇筑

2．优化企口类型

（1）外窗企口：在外墙铝窗安装部位，为了减少渗漏风险及窗边收口和外保温施工等因素，在铝模深化时需设置铝窗企口，以便铝窗施工，这在本章 1.3.2 节中已有说明。飘窗企口需按照具体设计要求进行留设，如图 1.4-38、图 1.4-39 所示。

图 1.4-38 飘窗企口及窗框拉片压槽留设

图 1.4-39 企口宽度尺寸过小（×）

（2）抹灰企口：当填充墙采用传统砌块时，为达到墙体薄抹灰要求，在铝模深化时要考虑砌块的类型、规格、尺寸及抹灰材料，设置相应企口，抹灰企口设置在现浇混凝土与其他材质交界处。如结构梁与砌筑墙之间、结构墙与砌筑墙之间、烟道与结构墙等，如图 1.4-40~图 1.4-42 所示。若深化审核不到位，很容易造成现场企口位置安装错误，如图 1.4-43 所示。

图 1.4-40　抹灰企口设置

图 1.4-41　墙体未设置抹灰企口（×）

图 1.4-42　砌筑墙体阴角处企口设置

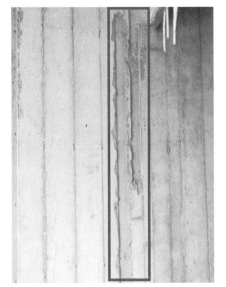

图 1.4-43　墙体阴角企口留设错误（×）

（3）栏杆企口：在栏杆脚及横杆端部与混凝土的交界部位，也需要设置企口，以方便栏杆安装及隐蔽保护膨胀螺栓，如图 1.4-44、图 1.4-45 所示。

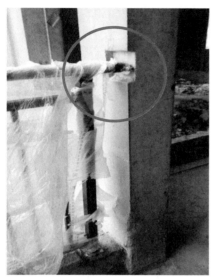

图 1.4-44　栏杆企口深化设置　　　　　　　　图 1.4-45　栏杆底部企口设置

3．混凝土墙体减重措施

建筑外围护墙体全部设计为现浇混凝土墙，与设计为砌体墙相比，自重荷载增加，当此部分增量荷载对剪力墙轴压比和桩基影响较大时，可采用"现浇混凝土填充外墙内插 PVC 管（图 1.4-46）"或"现浇混凝土填充外墙内插挤塑板"的做法，以减少全现浇外墙的重量。

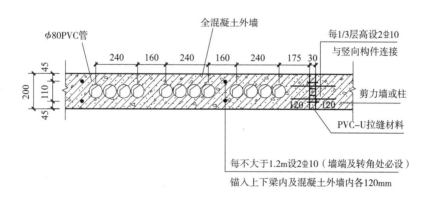

图 1.4-46　现浇混凝土填充外墙内插 PVC 管做法

现浇混凝土填充外墙内插 PVC 管做法：该减重做法内插的 PVC 管径一般采用 80mm，需注意内插的 PVC 管要封堵密实，以避免混凝土渗入而达不到减重效果，如图 1.4-47、图 1.4-48 所示。

图 1.4-47　墙体采用 PVC 管填充构造墙体　　　图 1.4-48　采用 PVC 管填充构造墙体安装完成

现浇混凝土填充外墙内插挤塑板做法：该减重做法内插的挤塑板板厚一般采用 60mm，安装时挤塑板需保证居中布置，以避免影响两侧钢筋的保护层厚度，如图 1.4-49、图 1.4-50 所示。

图 1.4-49　墙体采用挤塑板填充构造墙　　　图 1.4-50　板填充未采取固定措施（×）

4．常见混凝土墙板质量问题列举（图 1.4-51～ 图 1.4-70）

（1）混凝土墙体出现蜂窝、麻面、起皮、胀模。

（2）楼板及穿墙螺栓孔周边出现裂缝、渗漏水。

（3）楼板底部混凝土夹带杂质。

（4）墙体、楼板露筋。

（5）施工缝接茬处错台明显、出现漏浆。

（6）厨卫降板缺棱掉角严重。

（7）飘板、楼梯及混凝土墙体气泡较多。

（8）墙体根部塞缝不规范。

（9）墙体拉片未清理彻底。

图 1.4-51　墙体、梁混凝土麻面、起皮（×）

图 1.4-52　外墙混凝土成活观感较差（×）

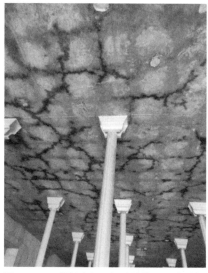
图 1.4-53　楼板底部不规则裂缝严重（×）

图 1.4-54　楼板表面不规则裂缝严重（×）

图 1.4-55　降板优化不到位（×）

图 1.4-56　楼板浮浆未清理到位，夹杂严重（×）

图 1.4-57　墙面孔洞较多（×）

图 1.4-58　楼板钢筋保护层不足（×）

图 1.4-59　楼梯间墙体接槎错台、漏浆（×）

图 1.4-60　窗台板混凝土气泡过多（×）

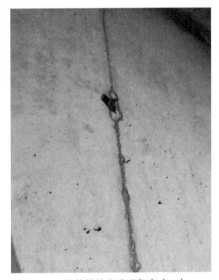

图 1.4-61　墙体拉片未清理彻底（×）

图 1.4-62　墙体混凝土成活光滑影响薄抹灰（×）

图 1.4-63 墙体塞缝采用木方（×）

图 1.4-64 墙体塞缝采用编织袋（×）

图 1.4-65 墙体对拉螺栓孔四周裂缝（×）

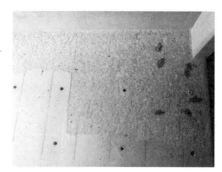

图 1.4-66 墙体混凝土胀模严重（×）

图 1.4-67 墙体根部振捣不密实（×）

图 1.4-68 楼梯踏面混凝土气泡较多（×）

图 1.4-69　墙体塞缝不到位影响截面尺寸（×）　　图 1.4-70　墙体截面不足（×）

1.5

铝模板脱模剂涂刷

　　铝模施工中，脱模剂及涂刷质量直接影响整个工艺，对墙体混凝土成活质量尤为重要。在铝合金模板表面涂抹脱模剂是为了提高混凝土观感。脱模剂涂刷应均匀一致，不宜过厚，并且无漏刷挂流现象。

1.5.1　脱模剂选型

　　脱模剂需要成膜时间快、抗冲击、不腐蚀模板和混凝土、耐雨水冲刷、脱模效果优良、环保（无毒、对人身无害）。施工过程中应防止脱模剂污染钢筋和混凝土，不得采用油性脱模剂，应采用水溶性脱模剂，如图 1.5-1、图 1.5-2 所示。严禁使用废机油作脱模剂，如图 1.5-3、图 1.5-4 所示。

图 1.5-1　水性脱模剂

图 1.5-2　乳液状

图 1.5-3　废机油用作脱模剂（×）

图 1.5-4　油性脱模剂（×）

1.5.2　铝模板清理

铝模板拆模后的清理是整个铝模工艺中不可忽视的一步。拆模后，必须及时清理铝模表面残留的混凝土，如图 1.5-5、图 1.5-6 所示。可利用刀铲、榔头等工具，封模之前应通过技术检查后方可继续拼装，若清理不到位，会造成后期混凝土表面出现蜂窝麻面、孔洞等现象，如图 1.5-7、图 1.5-8 所示。

图 1.5-5 铝模板表面残留混凝土

图 1.5-6 铝模板应及时清理

图 1.5-7 铝模板清理不彻底（×）

图 1.5-8 混凝土墙面出现蜂窝、孔洞

1.5.3 脱模剂涂刷

脱模剂涂刷的一般要求：

（1）拆模后，必须及时清除模板上遗留的混凝土残浆，然后再涂刷脱模剂。

（2）墙身模板竖立后用滚筒刷油，如图 1.5-9 所示。

（3）楼面部分的脱模剂不能用滚筒涂刷，只能用胶壶喷洒，且用量不能过多。

（4）脱模剂材料应涂刷均匀，不得出现流淌，如图 1.5-10 所示。

（5）脱模剂涂刷完成后，应及时浇筑混凝土，避免再用水冲洗，以防隔离层遭受破坏。

图 1.5-9　墙板平放刷脱模剂

图 1.5-10　脱模剂涂刷均匀

在施工现场中发现，用油性脱模剂在涂刷过程中不仅容易污染钢筋，同时还会在结构表面形成一道油性隔离层，导致后期装修施工质量得不到保证，出现抹灰空鼓、瓷砖铺贴空鼓以及腻子起皮等质量问题，如图 1.5-11~图 1.5-18 所示。所以，一定要避免使用油性脱模剂。

图 1.5-11　外墙 K 板清理未彻底（×）

图 1.5-12　墙板脱模剂涂刷不均匀（×）

图 1.5-13　顶板脱模剂涂刷不均匀（×）

图 1.5-14　油性脱模剂涂刷过多（×）

图 1.5-15　脱模剂涂刷过量污染钢筋（×）

图 1.5-16　梁底脱模剂涂刷过量（×）

图 1.5-17　墙体面层形成隔离层（×）

图 1.5-18　油性脱模剂污染混凝土墙体（×）

1.6

水电管线精确定位

相对传统木模工艺，铝模工艺对水电管线安装精确定位提出了更高的要求。因此，为顺应铝模建造工艺的推行，并努力实现水电管线精确定位的目标，笔者经过大量的现场研究实践，整理出铝模工艺水电管线精确定位安装的规范示意图片，供大家借鉴参考。

1.6.1　墙体水管压槽定位

在厨卫房间预留给水管道压槽作业中，剪力墙钢筋保护层厚度一般是 15mm，压槽厚度一般为 30mm。故为便于压槽放置，水电管线压槽的位置处剪力墙水平筋一般放在内侧，竖向钢筋放在外侧，常见的三种压槽形式示意如图 1.6-1 所示。

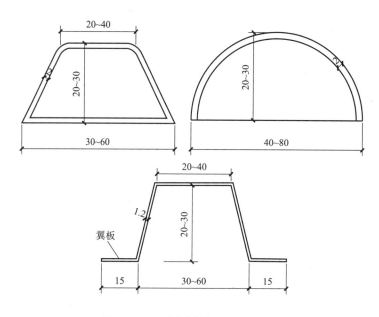

图 1.6-1　三种水电管线压槽形式示意

　　铝模板压槽做法常见有挤塑板和定型铝合金内衬两种，前者施工过程不好控制，往往导致压槽成活效果不佳，见图 1.6-2、图 1.6-3；后者成活质量较好，但成本较前者高，如图 1.6-4、图 1.6-5 所示。

图 1.6-2　采用挤塑板填充水管压槽

图 1.6-3　水管定位偏位严重

图 1.6-4　采用铝合金内衬压槽

图 1.6-5　水管压槽定位成活较好

　　部分项目设计水管走天花板，深化水管压槽时可至墙体顶部，如图 1.6-6 所示；卫生间反坎部位水管亦可优化压槽，如图 1.6-7 所示。

　　施工现场中常发现压槽内衬尺寸偏大，压槽形状未按图纸要求施工，造成墙体压槽成活尺寸过深（图 1.6-8）、拆模成型效果较差（图 1.6-9）等情况，应尽量避免。

图 1.6-6　水管走天花板压槽成型效果

图 1.6-7　反坎部位水管压槽优化

图 1.6-8　水管压槽过深（×）

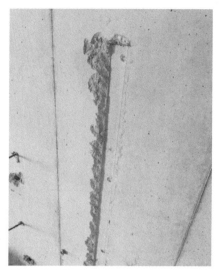

图 1.6-9　采用直角内衬效果不佳

1.6.2　线管线盒定位

1．剪力墙内线盒定位安装

（1）将线盒定位准确并做好保护，参见图 1.6-10、图 1.6-11。

图 1.6-10　墙体线盒定位准确

图 1.6-11　墙体定位线盒保护

（2）一般采用穿筋（自扣）线盒，用 ϕ6~8mm 钢筋上下穿过线盒，然后再将钢筋点焊在剪力墙或柱子主筋上。

（3）另用两根 ϕ6~8mm 钢筋，长度小于墙体厚度 5mm 左右，垂直于模板焊接在主筋上，用于保证混凝土浇筑后线盒成型效果，使其与墙面平行。预留线盒内管孔用锁母保护，如图 1.6-12 所示。

图 1.6-12　固定盒内锁母保护及填塞

2．楼板线盒固定措施

采用厚度为 10~20mm 的塑料橡胶板，制作专用线盒底座，底座要保证线盒装上去足够牢固，不宜太松，如图 1.6-13、图 1.6-14 所示。采用燕尾丝在铝模上固定。

图 1.6-13　定位方形橡胶控制线盒

图 1.6-14　定位圆形橡胶控制线盒

3．铝模深化设计重点

（1）铝模深化设计时需重点关注墙体线管线盒位置是否与钢筋及穿墙螺杆碰撞，如图 1.6-15、图 1.6-16 所示。

（2）需结合墙体的建筑做法，如：是否薄抹灰或免抹灰来留置线盒预埋墙体的尺

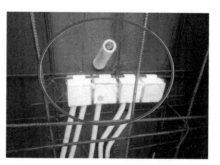

图 1.6-15　自扣式穿筋盒墙体定位

寸，如图 1.6-17 所示线盒预埋过深，则会导致后期面板安装困难。

（3）梁底模深化设计时应结合砌块类型考虑预留线管线孔的位置，将预留线管伸出梁底，以便于后期二次结构施工中线管的连接，如图 1.6-18、图 1.6-19 所示。

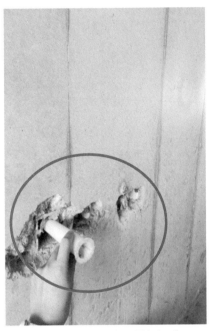

图 1.6-16　穿墙螺栓与线盒碰撞（×）

图 1.6-17　线盒预埋过深（×）

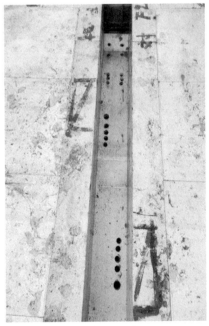

图 1.6-18　梁底线孔预留预埋

图 1.6-19　梁底线孔预留位置应根据砌块类型确定

1.6.3　入户电箱定位

深化设计时墙体若为砌筑墙体可部分优化为混凝土墙体以便将入户电箱位置一次带出，电箱加固可采取内加固或外加固两种方式，如图 1.6-20~图 1.6-23 所示。

图 1.6-20　传统砌筑墙体电箱预留

图 1.6-21　深化为混凝土墙体定位预埋

图 1.6-22　优化后的混凝土墙体电箱定位

图 1.6-23　墙体电箱一次带出

1.6.4　止水节预埋定位

止水节又称防漏预埋座，一般在排水管安装前直接预埋在新建楼层，这样方式安装既方便快捷，又省工、省料，而且不需预留立管孔洞，彻底解决了排水管传统安装必留洞补洞施工烦琐的问题。防漏预埋座周边设有止水翼缘板，可跟主体同步完成施工，无须二次浇筑，大大降低了管根漏水的隐患。

（1）止水节分为套管型和直管型，分别用在阳台排水立管、厨房排水立管（图 1.6-24）和卫生间、阳台、露台地漏、洗手盆排水管等处（图 1.6-25）。

（2）安装时采用对拉螺栓固定或者自攻钉固定在橡胶垫圈上，如图 1.6-26、图 1.6-27所示。

（3）固定好防漏预埋座后，再用胶带或专用保护盖板进行封盖，以避免浇捣时混凝土浆流入，如图 1.6-28、图 1.6-29 所示。

（4）钢筋绑扎时应防止钢筋触碰防漏预埋座导致其发生偏位，故应在防漏预埋座位置予以合理避让，钢筋不得紧贴防漏预埋座绑扎。

图 1.6-24　套管型止水节

图 1.6-25　直管型止水节

图 1.6-26　止水节自攻钉固定措施

图 1.6-27　止水节对拉螺栓固定措施

图 1.6-28　止水节保护

图 1.6-29　卫生间止水节安装完成效果

（5）立管安装时，将防漏预埋座内壁承插口清理干净，将胶黏剂均匀涂于管道外壁及防漏预埋座内壁，然后安装固定立管，如图 1.6-30~图 1.6-33 所示。

（6）立管安装须按规范要求设置伸缩节，可根据实际情况选择普通或加长型，以满足施工和卡嵌要求。为防止立管防漏预埋座定位偏差过大，造成管道安装上下不垂直，可采用可调偏心式防漏预埋座，能在偏差 20mm 范围内进行调正处理。

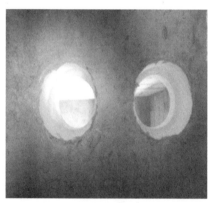
图 1.6-30　止水节定位清理

图 1.6-31　止水节立杆安装

图 1.6-32　止水节安装定位

图 1.6-33　支管安装效果

1.7

施工预留预埋

铝模深化设计过程中，应由工程、设计专业协调施工图设计单位、精装设计单位与铝模厂家进行沟通答疑。为使混凝土构件一次成型及减少后期大量的水电管线通过部位开洞、开槽等工作，铝模配模设计时需要施工方提供整套的土建、水电、精装修施工图。通过沟通答疑可及早发现各专业设计图纸的"错漏碰缺"问题，避免铝模运到施工现场后再返工，影响施工效率、造成材料浪费。

1.7.1 施工措施预留

1．传料口、放线孔、泵管预留

（1）材料传递孔深化。一般采用 200mm×800mm 或 200mm×700mm（上大下小变截面孔洞）模具，应平行长边方向设置，不宜设置在卫生间处。

传料口钢筋按照常规绑扎，待楼板混凝土达到上人条件后再剪断一侧掰弯。传料完毕，与原钢筋搭连接后接着浇筑混凝土，或按设计要求的开洞方式予以预留，如图 1.7-1、图 1.7-2 所示。

带叠合板楼栋的传料口宜设置在叠合板拼缝的后浇区域中（图 1.7-3），待混凝土浇筑完成后，后期再通过植筋或搭接方式补齐钢筋后补浇混凝土，如图 1.7-4~图 1.7-6 所示。

图 1.7-1 传料口钢筋不断开预留

图 1.7-2 传料口钢筋断开预留

图 1.7-3　叠合板传料口预留

图 1.7-4　混凝土浇筑完成

图 1.7-5　植筋不规范（×）

图 1.7-6　吊模后浇筑混凝土

（2）预留放线孔。采用 150mm×150mm（上大下小的变截面孔洞）模具。放线孔根据楼栋户型实际情况设置，按两级梯形留设，且尽量避开客厅等大房间，以尽可能减小对结构的影响，如图 1.7-7、图 1.7-8 所示。

图 1.7-7　放线孔预留

图 1.7-8　放线孔成活效果

（3）泵管孔。采用 350mm×350mm（上大下小的变截面孔洞）模具，具体位置可按需设置，如图 1.7-9 所示。

图 1.7-9　泵管孔预留

2．爬架支座、悬挑架、塔式起重机附臂预留

（1）爬架支座预留。铝合金模板深化设计时，应参考爬架导轨支座布置图及立面大样图，尽量将支座设置在 K 板下部，若不满足条件时，可采用导轨支座位置 K 板分为上下两块，安装支座时仅拆除下方 K 板，应注意此方案中上方 K 板安装不易稳固，如图 1.7-10、图 1.7-11 所示。飘板部位爬架支座固定深化时，根据平面形状及飘板大小、爬架导轨支座布置图及立面大样图，通过计算确定导轨支座的安装方式如图 1.7-12、图 1.7-13 所示。

图 1.7-10 下侧 K 板预留爬架支座孔洞

图 1.7-11 爬架支座安装固定

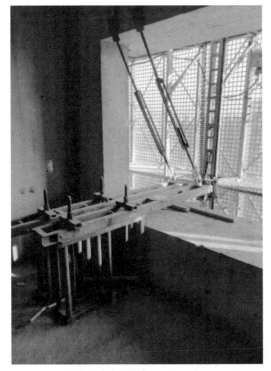

图 1.7-12 支座固定在楼板上

图 1.7-13 支座固定孔在飘板间墙体上预留

（2）悬挑工字钢穿剪力墙做法。开孔位置模板需加强，开孔规格一般为 200mm×300mm 或 300mm×400mm，厂家可根据施工方提供的脚手架方案来定制开孔，如图 1.7-14、图 1.7-15 所示。

图 1.7-14　悬挑工字钢做法示意

图 1.7-15　铝模深化需考虑墙体预留

（3）布料机位置预留。根据布料机的覆盖半径，确定布料机位置。放置布料机的房间的顶板支撑需做加密、加强处理，支撑间距不大于 650mm，如图 1.7-16、图 1.7-17 所示。

图 1.7-16　布料机布置在楼板

图 1.7-17　布料位置顶板支撑加密

也可对布料机位置的铝模板进行开洞处理。根据布料机型号规格，进行铝模深化时在合适位置设置楼板开洞，并在洞的四周按设计要求进行钢筋加强，铝模板洞口四边的钢筋上翻 200mm，形成闭合。利用井道布置内爬式布料机或在采光井设置混凝土布料机型钢底座，布料机安装固定在下层结构上。禁止将布料机直接设置于铝模板上。混凝土竖向泵管须逐层采用钢架牢固固定在下层楼面上，施工层泵管禁止接触铝模板，如图 1.7-18、图 1.7-19 所示。

图 1.7-18　铝模板开洞做法

图 1.7-19　内爬式布料机作业实景

1.7.2　设备管道预留

1 . 管道井洞口

模板深化设计时宜根据土建设计图纸进行设备孔洞的预留定位，模板对应位置设置预留套管固定件，在模板安装时，将套管与固定件对接，实现套管的精准定位。电井预留方形孔洞以配合桥架，水井、暖井预留圆形孔洞以方便将来管线的安装，如图 1.7-20~图 1.7-23 所示。

图 1.7-20　电井位置采用方形定位模具

图 1.7-21　电气桥架孔洞预留效果

图 1.7-22　水井部位采用圆形定位模具

图 1.7-23　水井、暖井孔洞预留效果

2．排气道、烟道预留洞口

卫生间排气道、厨房烟道预留洞应在深化设计阶段予以考虑，如图 1.7-24、图 1.7-25 所示。

图 1.7-24　卫生间排气道预留

图 1.7-25　烟道位置采用定制模具

1.7.3　细部深化预留

1．楼梯滴水线深化预留

双跑楼梯铝模深化设计中宜一次带出滴水槽，剪刀梯可不设置，如图 1.7-26、图 1.7-27 所示。

图 1.7-26　楼梯拼装时预埋滴水槽内衬

图 1.7-27　滴水槽成活效果

2．外窗企口设置

部分地区房建中强制要求附框，通常做法为预埋附框同企口一同预留，企口高度20mm，与附框上口持平，如图 1.7-28、图 1.7-29 所示。

窗框采用拉片连接时，可同拉片槽一同进行深化预留，如图 1.7-30 所示。

墙体不带外保温要求时，窗户上口滴水线应一同进行预留，如图 1.7-31 所示。

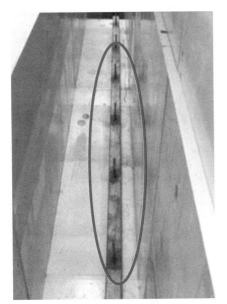

图 1.7-28　附框与铝模一次带出

图 1.7-29　附框预埋完成效果

图 1.7-30　拉片安装效果

图 1.7-31　窗口滴水槽成活效果

1.8

铝木结合模板

铝木结合一般使用于建筑物的首层、顶层、避难层等非标准层及非标线条。

因为若全部使用铝模则成本较高，且周转率低下。因此非标准层施工，一般采用铝合金模板结合木模板工艺，这样既能确保大部分结构成型效果达到铝模施工的高精度、高质量，又能节约成本，同时也能保证施工节点一次性施工完成，从而保证施工质量。

1.8.1　非标层顶板

1．首（顶）层层高增加

解决方案：在铝模底部增加木方垫高，通过对拉螺栓将木方与铝模进行连接固定，以实现层高增高，如图 1.8-1、图 1.8-2 所示。

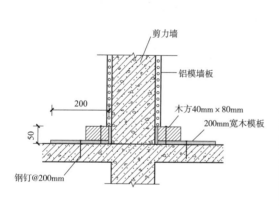

图 1.8-1　节点深化示意

图 1.8-2　底部采用木模连接

2．需作降板处理的面层

对于需将原卫生间、厨房、阳台等位置的降板取消的屋面层，板面高度还需要统一。

解决方案：仍用原有的铝模板支模，在铝模上部用相应高度的方木加垫木模板，以达到取消降板的目的，如图 1.8-3、图 1.8-4 所示。

图 1.8-3　顶板木模板加高

图 1.8-4　降板局部采用木模调整

1.8.2　变截面梁、墙

1．梁非标尺寸

解决方案：将铝模中原梁侧板的其中一块取消，换成截面增加后所需高度的木模板，外侧使用短木方支撑，模板之间采用对拉螺栓进行连接固定，如图 1.8-5 所示。

2．墙体非标尺寸

解决方案：将铝模中原墙体标准板的其中一块取消，换成尺寸增加（或减少）后所需宽度的木模板，使用原有背楞固定，如图 1.8-6 所示。

图 1.8-5　变截面梁铝木结合模板

图 1.8-6　墙非标尺寸采用木模配合

1.8.3 外立面造型

1．外立面造型梁、腰线节点做法

外立面外部节点线条较多，线条仍统一按照标准层进行设计，非标线条现场应根据实际情况采用铝木结合或通过二次施工完成，如图1.8-7~图1.8-9所示。

图1.8-7 外立面腰线配合木模施工

图1.8-8 搭设悬挑架配合木模进行二次施工

图1.8-9 爬架内进行二次支模线条施工

2．非标楼层构件

外立面非标楼层构件如空调板、阳台板可采用铝木结合安装模板，如图1.8-10、图1.8-11所示。

图1.8-10 飘窗两侧非标墙垛采用木模

图1.8-11 凸出外立面的空调板采用木模

1.8.4　保模一体板体系

　　保模一体板，是指将不同的保温材料经过工厂化加工复合而制成的一体化保温模板，可以代替模板与混凝土一起浇筑，实现了保温与结构的一体化设计和施工。浇筑完成后的保温模一体板无须拆除，保证了保温层与混凝土结构的同时完工，节约了外墙模板，节省成本，彻底解决了外墙保温层与建筑主体连接的牢固性与耐久性等问题，实现了外墙保温与结构同寿命，提升了工程质量，如图 1.8-12、图 1.8-13 所示。

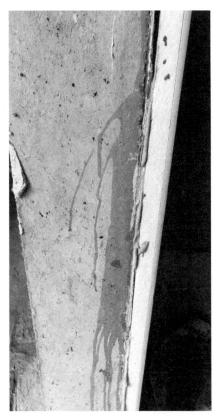

图 1.8-12　保模一体板施工效果　　　　图 1.8-13　外墙一体化施工

　　铝模＋保模一体板深化节点做法，可参见图 1.8-14～图 1.8-19。

　　（1）复合保温免拆模板排版设计。应根据外墙尺寸绘制安装排版图，尽量使用主规格免拆模板，设置安装板材控制线。

　　（2）应根据设计排版图的裁切方案安装复合保温免拆模板，并用绑扎钢丝将连接件与钢筋进行绑扎定位。

　　（3）安装对拉螺栓。根据每层墙、柱、梁的高度，按常规模板施工方法确定对拉螺栓的间距。

图 1.8-14　一体板毛刺墙体连接件

图 1.8-15　尼龙螺栓墙体连接件

图 1.8-16　一体板连梁处背楞加固

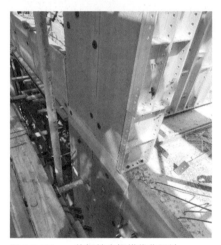

图 1.8-17　一体板结合铝模优化设计

图 1.8-18　一体板配合铝模加固

图 1.8-19　一体板外墙成活效果

1.9

快拆体系

铝合金模板体系为早拆模体系，故模板可配置一套，支撑立杆配置 3~4 套（图 1.9-1），以利周转使用。拆模后模板可通过传料口实现上下层的快速周转，如图 1.9-2 所示。能有效降低对安装工人技术的要求以及因工人技术水平不同产生的质量差异。模板立杆应整齐规范，利于现场文明施工管理。

拆模时先拆除墙模，再拆除板模。拆模时禁止先挪动及拆除立杆支撑，严禁将支撑拆除或支撑拆除后再回顶支撑。拆支撑时，应严格按照构件类型、构件跨度要求达到设计的混凝土抗压强度标准值的相关要求执行。

1．拆除墙柱铝板

当混凝土强度达到 1.2MPa 时可拆除墙柱侧板。拆除掉销钉，卸下墙柱铝板，拆除时应避免阳角损坏。一般情况下混凝土浇筑完 12h 后方可以拆除墙柱模板，如图 1.9-3 所示。

图 1.9-1　支撑系统保留

图 1.9-2　模板周转

图 1.9-3　墙体铝模拆除

2．拆除梁（板）底及梁侧铝板

一般情况下，不少于 48h 以后方可拆除梁板模板，如图 1.9-4~图 1.9-9 所示。先拆除梁底顶托连接螺栓，再拆除梁底板和梁侧板，拆除时严禁松动梁底顶撑，如图 1.9-10、图 1.9-11 所示。

图 1.9-4　梁板模板拆除

图 1.9-5　墙体铝模拆除

图 1.9-6　飘板模板拆除

图 1.9-7　楼梯底板铝模拆除

图 1.9-8 叠合板模板支撑

图 1.9-9 叠合板铝模拆除

图 1.9-10 支撑底座出现扰动（×）

图 1.9-11 梁底顶撑回顶（×）

3．拆除支撑杆

拆除支撑杆应符合现行的《混凝土工程施工质量验收规范》GB 50204 关于底模拆除时的混凝土强度要求，根据留置的同条件混凝土试块的强度来确定支撑杆的拆除时间。混凝土建筑完成后，首先要拆除吊模，防止混凝土强度太高，吊模拆不掉。支撑的具体拆除时间因温度等气候条件变化而略有不同。

　　笔者在现场检查中发现支撑拆除后回顶现象普遍，故需要特别加强管理，防止此类情况出现，如图1.9-12~图1.9-15所示。

图1.9-12　梁底顶撑回顶（×）

图1.9-13　板底支撑回顶（×）

图1.9-14　消防连廊板底支撑

图1.9-15　消防连廊板底支撑回顶（×）

第 2 章

装配式混凝土建造工艺

本章提要

　　本章从装配式混凝土建造工艺出发，以住宅建筑装配式为主，采用最常见的叠合板、预制楼梯、预制墙体构件为案例，按构件制作、堆放和运输、安装过程中的关键环节和注意要点展开（竖向构件以当下常见的灌浆套筒体系为例）。其他构件如预制柱、梁、凸窗、阳台板、空调板等可以此为参考。不具体讲工艺流程，而是对从构件制作到安装整个过程中，通过各阶段实际经验得出的优秀做法及暴露出的问题，从正反两方面展开说明，目的是通过对项目问题的预判，提前解决好项目各个施工节点，倒逼设计、施工进行统筹优化，以更好地解决传统的交接困难、二次施工等问题，从而达到装配式建筑施工技术及管理的提升。

2.1

构件制作

构件制作宜在固定工厂进行，也可在临时的移动工厂进行。生产线常见有自动化流水线和固定模台两种生产线。

预制构件制作前，应对混凝土用原材料、钢筋、灌浆套筒、连接件、吊装件、预埋件、保温板等产品合格证（质量合格证明文件、规格、型号及性能检测报告等）进行检查，并按照相关标准进行复检试验，经检测合格后方可使用，试验报告应存档备案。

2.1.1　叠合板制作

1．模具组装

叠合板制作时，边模常见为角钢。按照现行国标要求，四边出筋，角钢按设计要求需要开槽，如图 2.1-1~图 2.1-3 所示。部分地区标准中可不出筋，如图 2.1-4 所示，叠合层采用附加筋形式。

图 2.1-1　叠合板模具加工

图 2.1-2　叠合板模具组装

图 2.1-3　四周出筋模具带槽

图 2.1-4　四周不出筋模具组装

2．涂刷脱模剂

　　脱模剂涂刷前，必须将模台清理干净，采用水性脱模剂代替油性脱模剂，涂刷要均匀（图 2.1-5、图 2.1-6），若涂刷不均匀或漏刷（图 2.1-7、图 2.1-8），则易产生混凝土成活面出现起皮、蜂窝、孔洞及表面颜色不一致等现象。

图 2.1-5　脱模剂喷涂均匀

图 2.1-6　滚刷脱模剂

图 2.1-7　脱模剂涂刷不均匀（×）

图 2.1-8　模板清理不到位（×）

3．钢筋绑扎

（1）钢筋骨架尺寸应准确，骨架吊装时应采用多吊点的专用吊架，防止骨架产生变形，安装时需按要求检查，如图 2.1-9、图 2.1-10 所示。

（2）保护层垫块宜采用塑料类垫块（图 2.1-11），且应与钢筋骨架或网片卡装牢固；垫块按梅花状布置，间距应满足钢筋限位及控制变形的要求，如图 2.1-12 所示。

（3）钢筋骨架入模时应平直、无损伤，表面不得有油污或者锈蚀。

（4）应按构件图安装好连接件、预埋件。

图 2.1-9　检查桁架筋腹筋直径

图 2.1-10　桁架腹筋焊接脱落（×）

图 2.1-11　塑料垫块保证保护层　　　　　图 2.1-12　采用定位间距工具

通过对大量的构件厂制作现场的检查发现，叠合板钢筋绑扎中常存在以下问题：

（1）钢筋绑扎间距不均匀，跳扣缺失，见图 2.1-13、图 2.1-14。

图 2.1-13　钢筋间距不符合设计要求（×）　　图 2.1-14　钢筋绑扎间距不均匀（×）

（2）深化设计未到位，未考虑钢筋桁架底筋可替代受力钢筋，造成钢筋浪费，如图 2.1-15 所示。

（3）遇到电盒预埋，桁架钢筋被切断而未进行强度补偿，如图 2.1-16 所示。

（4）下料时桁架筋及底筋偏短，如图2.1-17~图2.1-20所示。

（5）吊点加强筋设置位置不合理，如图2.1-21、图2.1-22所示。

（6）深化设计不到位导致桁架钢筋间距过小或过大，间距过小造成浪费，间距过大，超过规范要求会导致结构安全隐患，如图2.1-23、图2.1-24所示。

（7）桁架筋位置偏低，导致上部钢筋距叠合面间距过小，如图2.1-25所示。

（8）叠合板钢筋保护层控制不到位，如图2.1-26所示。

图2.1-15　未考虑桁架筋底筋受力（×）

图2.1-16　桁架筋被切断（×）

图2.1-17　桁架筋偏短（×）

图2.1-18　桁架筋偏短（×）

图 2.1-19　桁架筋偏短二次搭接（×）

图 2.1-20　底筋偏短（×）

图 2.1-21　吊点加强筋设置在波谷处

图 2.1-22　吊点加强筋位置不合理（×）

图 2.1-23　桁架筋间距过小（×）

图 2.1-24　桁架筋间距过大（×）

图 2.1-25　桁架筋位置偏低（×）

图 2.1-26　钢筋保护层厚度过大（×）

4．预埋预留

混凝土浇筑前，应逐项对隐蔽工程进行检验，并做好隐蔽工程验收记录，检查预埋件、吊环、吊具、预留孔洞尺寸、预埋管线及线盒的规格、数量、位置和固定措施等。

线盒需采用胶粘或钢筋定位措施固定牢固，如图 2.1-27、图 2.1-28 所示。

预留洞口需按设计要求设置加强筋，如图 2.1-29 所示。

带水房间原则上不适合拆分叠合板，因为如果止水节预埋不到位，则容易导致后期渗漏，如图 2.1-30 所示。

预留洞口在图纸深化时应加以考虑，尽量避开叠合板端部（图 2.1-31），传料口应按长边方向设置，如图 2.1-32 所示。

图 2.1-27　线盒胶粘定位固定

图 2.1-28　线盒采用钢筋固定

图 2.1-29　洞口周边未设置加强筋（×）

图 2.1-30　止水节预埋

图 2.1-31　预留洞须进行优化设计　　　　图 2.1-32　传料口宜按长边方向设置

5．浇筑混凝土

混凝土应按国家现行标准《普通混凝土配合比设计规程》JGJ55 的有关规定，根据混凝土强度等级、耐久性和工作性能等要求进行配合比设计。

混凝土浇筑时应符合下列要求：

（1）混凝土应均匀连续浇筑，投料高度不宜大于 500mm。

（2）混凝土浇筑时应保证模具、门窗框、预埋件、连接件不发生变形或者移位，桁架筋、线盒等采用保护覆盖措施，如图 2.1-33、图 2.1-34 所示。

（3）混凝土应边浇筑、边振捣，如图 2.1-35、图 2.1-36 所示。

（4）混凝土初凝前需作粗糙面处理，一般采用机械或人工拉毛，如图 2.1-37、图 2.1-38 所示。

（5）混凝土从出机到浇筑时间及间歇时间不宜超过 40min。

图 2.1-33　桁架筋采用保护措施　　　　图 2.1-34　预埋电盒保护

图 2.1-35　布料机自动放料

图 2.1-36　人工投料及振捣

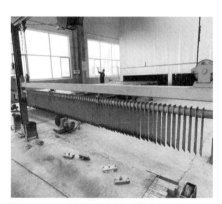

图 2.1-37　专用粗糙面拉毛设备

图 2.1-38　混凝土结合面人工拉毛

6．叠合板养护

混凝土养护可采用覆膜保湿养护、喷涂养护剂养护、太阳能养护或蒸汽养护等方法。蒸汽养护效果稳定，对于采用流水线生产工艺制作的预制构件宜采用养护窑蒸汽养护，如图 2.1-39、图 2.1-40 所示。对于固定台座法生产的构件，可根据气候和生产条件采用太阳能养护和覆膜保湿养护，如图 2.1-41、图 2.1-42 所示。

预制构件在蒸汽养护时，应注意采取相应技术措施防止由于温度控制不当引起的预制构件表面裂缝。

图 2.1-39　养护窑养护

图 2.1-40　养护完成

图 2.1-41　蒸汽覆膜保湿养护

图 2.1-42　电加热覆膜保湿养护

7．脱模

构件脱模应严格按照顺序拆除模具，不得使用振动方式拆模。

为加快模具周转，一般构件当混凝土强度等级达到 C15 后即可脱模，起吊时混凝土强度等级应满足设计要求的起吊强度等级。

预制楼板应采用专用多点吊架进行起吊，楼板单侧多个吊点应采用一根钢丝绳通过滑轮组连接，确保各吊点受力均匀。为防止吊装过程中构件倾斜，复杂构件的吊具应进行专门设计，防止出现由于吊具设计不当引起构件损坏或者倾斜过大不利于安装的情况，如图 2.1-43、图 2.1-44 所示。

图 2.1-43　专用吊具　　　　　　　　　图 2.1-44　叠合板脱模过程

8．粗糙面设置

装配整体式结构中的接缝以及预制构件与后浇混凝土之间的结合面，是影响结构受力性能的关键部位。

叠合板的底板上表面及侧面都应设置粗糙面且粗糙面深度不应小于 4mm，如果粗糙面深度过浅或达不到规范要求，会导致底板无法跟现浇层混凝土进行有效的连接，达不到设计规范中"等同现浇"的效果。因此，在构件生产过程中一定要严格按照要求，控制好粗糙面的深度。

常见粗糙面的制作方法是上表面拉毛，侧面冲洗或做成花纹面，如图 2.1-45、图 2.1-46 所示。笔者在实际现场检查中发现，大量的叠合板存在多种不合格的粗糙面，如图 2.1-47~图 2.1-54 所示。

图 2.1-45　上表面拉毛效果

图 2.1-46　侧面粗糙面冲洗效果较好

图 2.1-47　粗糙面达不到要求（×）

图 2.1-48　无粗糙面（×）

图 2.1-49　粗糙面达不到要求（×）

图 2.1-50　粗糙面达不到要求（×）

图 2.1-51　侧面采用花纹钢板模具

图 2.1-52　侧面花纹粗糙面效果

图 2.1-53　侧面无粗糙面（×）

图 2.1-54　侧面泡泡膜粗糙面

2.1.2　预制楼梯制作

1．模具制作

预制楼梯模具一般有立模和卧模两种，如图 2.1-55、图 2.1-56 所示。标准化楼梯一般采用立模，占用空间小；踏步特殊处理或者做粗糙面贴瓷砖时一般采用卧模，其缺点是模具需配有底座，成本高，占用空间大。

图 2.1-55　预制楼梯立模

图 2.1-56　预制楼梯卧模

2．预制楼梯制作

预制构件深化过程中应考虑构件模具形式、预埋件安装固定方式、预留孔洞成孔方式、夹心材料固定方式、饰面施工制作工艺等各个方面。

深化设计中可将预制楼梯底部垫块，后期栏杆安装底座一次性带出，如图 2.1-57 所示。

预制楼梯制作中需将钢筋网片固定到位，如图 2.1-58~图 2.1-60 所示。笔者在现场检查中常发现存在不同程度的保护层厚度控制不到位的情况，从而导致后期混凝土开裂，如图 2.1-61、图 2.1-62 所示。

图 2.1-57　垫片一次性带出

图 2.1-58　立模涂刷脱模剂

图 2.1-59　钢筋网片安装

图 2.1-60　严格控制钢筋保护层厚度

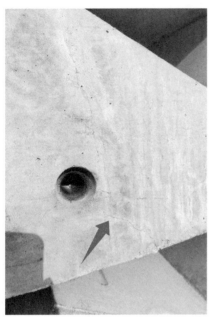

图 2.1-61　保护层过厚导致裂缝

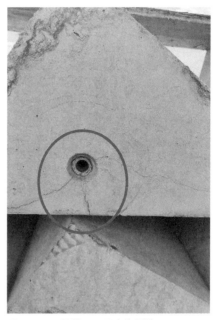

图 2.1-62　螺栓口四周产生裂缝

　　卧模制作中后期需对楼梯底面进行人工抹平。若处理不到位，极易出现气泡孔洞，影响成型观感，如图 2.1-63~图 2.1-65 所示。

　　由于脱模剂涂刷不到位或拆模过早，也容易导致混凝土面层出现起皮现象，如图 2.1-66 所示。

图 2.1-63　卧模制作面层二次压光

图 2.1-64　卧模制作成活效果

图 2.1-65　混凝土面层出现气泡　　　　图 2.1-66　混凝土面层起皮

2.1.3　预制墙体制作

1．模具组装

常用墙体模具为钢制模具，若墙体数量较少，周转循环利用次数较低，考虑到钢制模具费用较高，可采用少量制作木制模具，如图 2.1-67、图 2.1-68 所示。

图 2.1-67　木制墙体模具　　　　　　图 2.1-68　木制模具定位

为节省成本，部分构件厂单独设置模具加工车间，可自行加工，如图 2.1-69 所示。

侧面粗糙面及键槽可以直接用模具带出，也可进行后期处理，如图 2.1-70~图 2.1-72 所示。墙体深化时的水管开槽可在优化模具时一次带出，如图 2.1-73、图 2.1-74 所示。

图 2.1-69　构件厂钢模具现场切割加工

图 2.1-70　钢制模具组装

图 2.1-71　侧面采用花纹钢板面

图 2.1-72　侧面带键槽模具

图 2.1-73　水管压槽模具制作时带出　　　　图 2.1-74　墙体压槽成活效果

2．钢筋绑扎

钢筋骨架尺寸应准确，骨架吊装时应采用多吊点的专用吊架，防止骨架产生变形；保护层垫块宜采用塑料类垫块，如图 2.1-75、图 2.1-76 所示，且应与钢筋骨架或网片卡装牢固；垫块按梅花状布置，间距应满足钢筋限位及控制变形的要求。

图 2.1-75　钢筋绑扎　　　　　　　　　　图 2.1-76　墙体专用保护层支架

3．预埋预留

应按构件施工图安装好钢筋连接套筒、连接件及预埋件等。

套筒灌浆连接分为半灌浆连接和全灌浆连接两种形式。

半灌浆连接通常一半采用螺纹连接，一半采用灌浆连接，注意只能适用于竖向构件钢筋的连接，如图 2.1-77 所示。但由于其套筒比全灌浆连接短，成本低，且在现场灌浆工作量减半，灌浆施工难度和质量控制难度也大大降低，目前已成为我国竖向构件钢筋连接的首选方式。

全灌浆连接可以用于水平构件钢筋的连接，也可用于竖向构件钢筋的连接，如图 2.1-78 所示。

套筒连接常见的问题有：

（1）套筒连接处未按规范要求进行钢筋加密，如图 2.1-79 所示。正确方式参见图 2.1-80。

（2）套筒和钢筋直螺纹连接深度不足，如图 2.1-81、图 2.1-82 所示。

（3）套筒灌浆 PVC 管预留过短导致无法灌浆，如图 2.1-83、图 2.1-84 所示。

图 2.1-77　半灌浆套筒连接

图 2.1-78　全灌浆套筒连接

图 2.1-79　套筒连接处钢筋未加密（×）

图 2.1-80　灌浆套筒连接钢筋加密

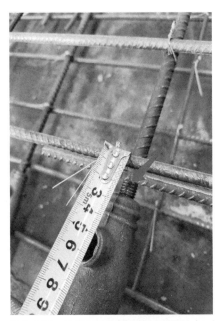
图 2.1-81　套筒顶端连接钢筋深度不足（×）

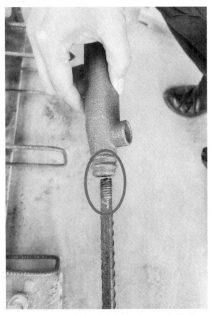
图 2.1-82　钢筋螺纹未按要求深入套筒（×）

图 2.1-83　PVC 灌浆管预留过短（×）

图 2.1-84　PVC 管过短导致后期剔凿（×）

墙体吊钩预埋一般采用螺栓、锚筋和吊钉。

预埋常见的问题有：

（1）采用锚筋时，型号不符合设计要求，如图 2.1-85 所示。

（2）采用吊钉，预埋时位置偏离严重，导致无法使用，如图 2.1-86 所示。

（3）墙体管线漏埋，如图 2.1-87 所示。

（4）线盒预埋处钢筋随意断开，如图 2.1-88 所示。

（5）线箱处钢筋断开，四周未设置加强筋，如图 2.1-89 所示。

（6）墙体端部线盒点位未进行深化设计，易导致后期损坏，如图 2.1-90 所示。

图 2.1-85　锚筋直径不符合设计要求（×）

图 2.1-86　吊钉预埋过深（×）

图 2.1-87　管线漏埋（×）

图 2.1-88　线盒处钢筋切断（×）

图 2.1-89　线箱处钢筋断开处未加强　　　　图 2.1-90　线盒端部未优化（×）

4．混凝土浇筑及养护

构件浇筑成型前，模具、隔离剂涂刷、钢筋成品（骨架）质量、保护层控制措施、预留孔道、配件和埋件等，应逐件进行隐蔽验收，符合有关标准规定和设计文件要求后方可浇筑混凝土。

（1）混凝土投料高度应小于 500mm，浇筑时铺设应均匀，如图 2.1-91 所示。

（2）混凝土成型宜采用插入式振动棒振捣，逐排振捣密实，振动器不应碰到钢筋骨架、面砖和预埋件，如图 2.1-92 所示。

（3）混凝土浇筑应连续进行，同时应观察模具、门窗框、预埋件等是否有变形和移位，如有异常应及时采取补强和纠正措施。

（4）配件、埋件、门框和窗框处混凝土应浇捣密实，其外露部分应有防污损措施。

（5）混凝土表面应及时用泥板抹平提浆，并对混凝土表面进行二次抹面，如图 2.1-93 所示。

（6）预制构件混凝土浇筑完毕后，应及时进行养护，如图 2.1-94 所示。

图 2.1-91　墙体混凝土浇筑

图 2.1-92　振捣棒振捣密实

图 2.1-93　二次抹平

图 2.1-94　浇筑完毕后及时养护

5．墙体脱模

预制构件蒸汽养护后，蒸养罩内外的温差小于 25℃时方可进行脱罩作业。

（1）预制构件拆模起吊前应检验其同条件养护下的混凝土试块强度，达到设计强度的 75% 后方可拆模起吊。

（2）应根据模具结构按序拆除模具，不得使用振动构件的方式拆模，如图 2.1-95 所示。

（3）预制构件起吊前，应确认构件与模具间的连接部分完全拆除后方可起吊。预制构件起吊的吊点设置除强度应符合设计要求外，还应满足预制构件平稳起吊的要求，构件起吊宜采用 4~6 吊点进行，如图 2.1-96 所示。

图 2.1-95　按序拆除模具

图 2.1-96　构件吊点设置

6．预制墙体生产过程中常见问题

（1）钢筋定位偏差。构件钢筋定位偏差产生的原因主要有：

1）预制构件生产过程中钢筋加工尺寸不合格或者钢筋固定措施不牢固。

2）浇筑过程中造成钢筋骨架出现变形。

3）混凝土终凝前外伸钢筋没有进行进一步矫正。

4）预制构件浇筑过程中隐蔽工程检验不严格。

5）生产线工人没有进行自检，导致墙体钢筋保护层不符合要求，如图 2.1-97、图 2.1-98 所示。

墙体两侧按照相应规范可在深化设计时采用开口箍筋和闭口箍筋两种，如图 2.1-99、图 2.1-100 所示。通常为了现场安装方便，使用开口箍筋者较多。

图 2.1-97　钢筋偏位（×）

图 2.1-98　保护层不符合要求（×）

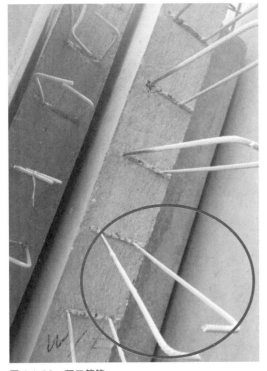

图 2.1-99　开口箍筋

图 2.1-100　预制墙体闭口箍筋脱落

（2）粗糙面不符合要求。对混凝土已经成型的构件通常采用人工凿毛或机械凿毛的方法。

对混凝土成型过程中的构件可采用表面拉毛处理或化学水洗露石形成粗糙面。常见的粗糙面处理方法为化学水洗露石形成，如图 2.1-101 所示。部分构件未设置粗糙面或采用花纹钢板面或其他压条在模具加工时一次带出，如图 2.1-102~图 2.1-104 所示。但未达到规范粗糙面的要求。

图 2.1-101　化学水洗露石

图 2.1-102　结合面未设置粗糙面

图 2.1-103　粗糙面采用定型模具成型（×）

图 2.1-104　花纹粗糙面（×）

（3）灌浆套筒问题

1）灌浆套管、灌浆孔堵塞：主要原因是配套套管选用不当，灌浆管在混凝土浇筑过程中被破坏或弯折变形；灌浆管底部没有采取固定措施，导致套筒底部水泥浆漏入筒内；灌浆管保护措施不到位，有异物掉入，如图2.1-105所示。

2）灌浆套筒移位：主要原因是套筒固定部位没有采取有效的固定措施；混凝土浇筑振捣过程中振捣棒碰撞导致套筒偏移，如图2.1-106所示。

3）灌浆套筒外漏：图纸深化时未统筹考虑水电管线位置导致制作困难，造成套筒外露严重，存在质量隐患，如图2.1-107、图2.1-108所示。

（4）墙体设计拆分不合理。部分墙体在设计拆分时宽度过小，两侧钢筋甩出较长，导致生产及运输、安装均存在不同程度的难度，如图2.1-109、图2.1-110所示。

图2.1-105　水泥浆进入灌浆孔内

图2.1-106　套筒偏移

图2.1-107　套筒位置优化不到位

图2.1-108　套筒外漏严重

图 2.1-109　墙体宽度偏小甩筋过长　　　图 2.1-110　墙体宽度仅为 550mm

2.2

构件的堆放、运输

应根据预制构件的种类、规格、重量等参数制定构件运输和存放方案。其内容应包括运输时间、次序、存放场地、运输线路、固定要求、存放支垫及成品保护措施等内容。对于超高、超宽、形状特殊的大型构件的运输和堆放应采取专门的质量安全保证措施。

2.2.1　构件堆放

1．水平构件堆放

（1）预制叠合板堆放层数不应超过 6 层，层与层之间应垫方木，如图 2.2-1 所示。

（2）预制楼梯堆放层数不应超过 4 层，如现场具备条件，应尽量侧放。

（3）应根据预制构件受力情况存放，同时合理设置支垫位置，防止预制构件发生变形损坏；预制叠合板、预制阳台、预制雨篷、预制楼梯一般采用叠放方式，层间应垫平、垫实，垫块位置尽可能安放在构件吊点部位。

构件厂由于垫块使用、堆放顺序不按规范要求进行，造成叠合板翘曲、损坏、裂缝等现象非常普遍，如图 2.2-2~图 2.2-16 所示。

图 2.2-1　叠合板标准堆放

图 2.2-2　堆放过高（×）

图 2.2-3　垫块不在同一竖直面上

图 2.2-4　采用水泥垫块（×）

图 2.2-5　采用竹胶板垫块（×）

图 2.2-6　堆放型号混乱（×）

图 2.2-7　叠合板裂缝明显（×）

图 2.2-8　叠合板乱堆乱放（×）

图 2.2-9　缺棱掉角（×）

图 2.2-10　翘曲明显（×）

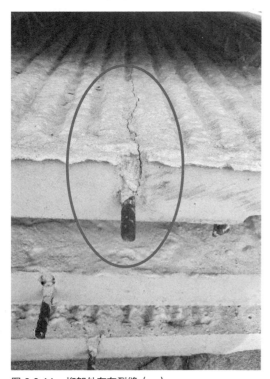

图 2.2-11　桁架处存在裂缝（×）

图 2.2-12　表面不规则裂缝明显（×）

图 2.2-13　预制楼梯堆放过高（×）

图 2.2-14　未采用木方垫块（×）

图 2.2-15　裂缝明显（×）

图 2.2-16　堆放未设置垫块（×）

2．竖向构件堆放

构件堆放：存放场地应进行硬化处理，并应设有排水措施；堆放构件的支垫及场地应坚实。

外墙板、内墙板、PCF 外墙挂板等根据编号宜采用插放或靠放，堆放架应有足够的刚度，并应支垫稳固，如图 2.2-17~图 2.2-19 所示；构件采用靠放架立放时，宜对称靠放，与地面的倾斜角度宜大于 80°；宜将相邻堆放架连成整体。

连接止水条、高低口、墙体转角等薄弱部位时，应采用定型保护垫块或专用套件做加强保护。

重叠堆放构件时，每层构件间的垫木或垫块应在同一垂直面上。堆垛层数应根据构件自身荷载、地坪、垫木或垫块的承载能力及堆垛的稳定性确定。预制构件码放时应使预埋吊件向上，标志向外；垫木或垫块在构件下的位置宜与脱模、吊装时的起吊位置一致，如图 2.2-20 所示。

　　成品应按合格、待修和不合格区分类堆放，并应进行标识，如图 2.2-21、图 2.2-22 所示。

图 2.2-17　堆放架

图 2.2-18　竖向墙板堆放

图 2.2-19　预制外墙板堆放

图 2.2-20　预制墙体水平堆放

图 2.2-21　叠合板维修区

图 2.2-22　预制楼梯维修区

3．预制构件现场堆放

　　一般来说，可根据现场进度实际情况来进行预制构件的直接起吊安装，不建议现场堆放太多。若在现场堆放，预制构件应按规格、型号、使用部位、吊装顺序分别设置存放场地，存放场地应设置在起重机有效工作范围内。存放场地应进行硬化处理，并应有排水措施；堆放构件的支垫应坚实，如图 2.2-23 所示。

　　笔者在现场检查中经常发现，由于管理不到位，预制构件堆放存在较多的质量安全隐患，如图 2.2-24~图 2.2-32 所示。

图 2.2-23　预制构件现场堆放整齐

图 2.2-24　叠合板堆放在悬挑地库顶板（×）

图 2.2-25　剪力墙堆放在地库顶板（×）

图 2.2-26　楼梯堆放在悬挑地库顶板（×）

图 2.2-27　预制凸窗未按要求堆放（×）

图 2.2-28　预制外墙未按要求堆放（×）

图 2.2-29　叠合板堆放损坏严重（×）

图 2.2-30　预制墙体堆放裂缝严重（×）

图 2.2-31　预制墙体采用插靠架堆放

图 2.2-32　叠合板堆放不合理产生裂缝（×）

2.2.2　构件运输

　　构件成品吊运时，必须使用专用吊具，一般使每一根钢丝绳均匀受力。钢丝绳与成品的水平夹角不得小于 45°，确保成品呈平稳状态，应轻起慢放，如图 2.2-33 所示。

　　预制构件的出厂运输应制订运输计划及方案。超高、超宽、形状特殊的大型构件的运输和码放应采取专门的质量安全保证措施。

　　构件吊运和运输：预制构件运输宜选用低平板车（图 2.2-34），且应有可靠的稳定构件的措施。预制构件的运输应在混凝土强度达到设计强度的 100% 后进行。

图 2.2-33　专用吊具起吊

图 2.2-34　平板车运输

构件运输应符合下列规定：

（1）叠合板及墙板可根据施工要求选择叠层平放的方式运输，如图 2.2-35、图 2.2-36 所示。

（2）复合保温或形状特殊的墙板宜采用插放架、靠放架直立堆放，插放架、靠放架应有足够的强度和刚度，支垫应稳固，并宜采取直立运输方式，如图 2.2-37、图 2.2-38 所示。

（3）预制叠合楼板、预制阳台板、预制楼梯可采用平放运输，同时应正确选择支垫位置。

图 2.2-35　叠合板叠放运输

图 2.2-36　剪力墙叠放运输

图 2.2-37　外墙采用靠放架运输

图 2.2-38　竖向墙板靠放架直立运输

　　由于构件运输不按方案执行，造成预制构件损坏，甚至产生严重安全隐患的情形并不少见，如图 2.2-39~图 2.2-42 所示，所以一定要予以重视。

图 2.2-39　叠合板运输不合理（×）

图 2.2-40　采用叉车运输墙板（×）

图 2.2-41　垫块距离构件端部过大（×）

图 2.2-42　运输过程中构件掉落

2.3

竖向墙板安装

2.3.1 安装前准备

1．弹线定位、校核预留钢筋

（1）钢筋定位应制作专门的定位设备，在混凝土浇筑前对钢筋进行定位固定，防止混凝土浇筑时因振捣造成钢筋偏位。构件吊装前，钢筋位置、长度、间距、基层清理等应严格验收，确保构件安装准确，如图 2.3-1~图 2.3-4 所示。

（2）采用套筒连接，应对锚固长度进行测量，确保钢筋锚固的深度符合设计要求，且不小于插入钢筋公称直径的 8 倍，如图 2.3-5、图 2.3-6 所示。

（3）现浇结构施工后外露连接钢筋的位置、尺寸偏差应符合相应的规范要求。

图 2.3-1 钢筋定位设备

图 2.3-2 定位钢板

图 2.3-3 转换层钢筋预留

图 2.3-4 定位钢板控制

图 2.3-5　转换层钢筋锚固预留

图 2.3-6　锚固长度不小于 8d

（4）混凝土浇筑完成后应在剪力墙根部凿毛，如图 2.3-7 所示。凿毛应在混凝土终凝后进行，在凿毛后的混凝土面上抄平，放置垫块进行水平标高调节。放线完成后在墙线旁边标注墙板编号，防止吊装时出现差错。施工现场常存在凿毛不合格的情况，如在混凝土终凝后剔凿、混凝土还未达到强度等，如图 2.3-8、图 2.3-9 所示。

图 2.3-7　剪力墙根部凿毛

图 2.3-8　混凝土终凝后凿毛（×）

图 2.3-9　强度未达到要求就开始凿毛（×）

（5）由于楼面混凝土浇筑前竖向钢筋未限位和固定，混凝土浇筑、振捣使得竖向钢筋偏移，造成预留锚固钢筋、线管偏位等，导致墙体无法安装，如图 2.3-10~图 2.3-12 所示。

预防措施：根据构件编号用钢筋定位框进行限位，适当采用撑筋撑住钢筋框，以保证钢筋位置准确；混凝土浇筑完毕后，根据插筋平面布置图及现场构件边线或控制线，对预留插筋进行现场预留墙柱构件插筋的中心位置复核，对中心位置偏差超过 10mm 的插筋应根据图纸进行适当的校正，如图 2.3-13 所示。

图 2.3-10　钢筋预留偏位矫正过大（×）

图 2.3-11　线管偏位导致墙体无法安装（×）

图 2.3-12　钢筋未控制到位

图 2.3-13　构件插筋位置复核

2．墙下垫块、分仓

（1）现浇板面清理干净后安放好垫块，垫块距墙体两端 300~500mm，且对称布置，使预制墙体标高在有效控制范围内，如图 2.3-14 所示。

（2）垫块放置间距不大于 1.5m，每面墙不能少于两块。可选用多规格厚度钢垫块或硬塑垫块进行组合（如 1mm、3mm、5mm、10mm、20mm），如图 2.3-15、图 2.3-16 所示。

笔者现场检查中有时发现由于采用垫块的尺寸过大，会影响灌浆密实度，如图 2.3-17 所示。

（3）可以采用 20mm 宽的扁钢制作专用填塞工具，先用座浆料进行分仓，分仓长度不大于 1.5m，分仓带宽度约 30~50mm，如图 2.3-18 所示。

夹心保温外墙安装前，根部一般需采用 PE 棒填塞，如图 2.3-19 所示。

图 2.3-14　利用垫块调整墙体标高

图 2.3-15　钢垫块设置

图 2.3-16　钢垫块组合

图 2.3-17　塑料垫块尺寸过大（×）

图 2.3-18 座浆料分仓

图 2.3-19 夹心外墙根部采用 PE 棒

2.3.2 竖向墙板安装

1．墙体吊装

（1）起吊墙板（在风速不超过 5 级但影响施工时需用施工缆风绳加以固定控制），一般采用专业吊具起吊，不宜直接采用钢丝绳起吊，如图 2.3-20~图 2.3-22 所示。

笔者在现场检查中曾发现有因技术交底不到位，工人为起吊方便，直接把墙体顶部钢筋掰弯后野蛮作业的情况，如图 2.3-23 所示。

（2）按照吊装前所弹控制线缓缓下落墙板，吊装经过的区域下方应设置警戒区，施工人员应远离警戒区，由信号工指挥就位，待构件下降至作业面 1m 左右高度时施工人员方可靠近操作，以保证操作人员的安全，如图 2.3-24 所示。

（3）起重机起吊、下放时应平稳，预制墙体底部边放置镜子，确认下方连接钢筋均准确插入构件的灌浆套筒内，同时检查预制构件与基层预埋螺栓是否压实无缝隙，如不满足应继续调整至满足为止，如图 2.3-25 所示。

图 2.3-20　专业吊架起吊墙板

图 2.3-21　未采用专业吊具（×）

图 2.3-22　钢丝绳直接起吊外墙（×）

图 2.3-23　墙体顶部钢筋掰弯后起吊（×）

图 2.3-24　墙板吊装

图 2.3-25　通过镜子调整墙体就位

（4）预制墙板的侧向支撑方案应进行专项计算后确定，固定点的连接应可靠。竖向预制构件须设置不少于两道（4根）的临时斜支撑。预制柱、墙板构件的上部斜支撑，其支撑点距离板底的距离不宜小于构件高度的 2/3，且不应小于构件高度的 1/2，如图 2.3-26~图 2.3-30 所示。

图 2.3-26　采用临时支撑固定

图 2.3-27　角支撑采用预埋螺栓固定

图 2.3-28　内剪力墙临时支撑固定

图 2.3-29　外剪力墙临时支撑固定

图 2.3-30　带门洞墙体临时支撑固定

2．预制墙体安装常见问题

（1）预制墙体安装后偏位严重，严重影响工程质量，如图 2.3-31、图 2.3-32 所示。

（2）预制墙体根部接缝偏小或偏大，灌浆密实度无法保证，如图 2.3-33、图 2.3-34 所示。

（3）墙体灌浆套筒无法插入预留钢筋，严重影响结构安全，如图 2.3-35、图 2.3-36 所示。

图 2.3-31　上下墙体偏位 30mm（×）

图 2.3-32　左右墙体水平偏位严重（×）

图 2.3-33　墙体接缝过小（×）

图 2.3-34　墙体接缝过大（×）

图 2.3-35 个别钢筋无法插入灌浆套筒（×）

图 2.3-36 预留钢筋未插入套筒（×）

（4）墙板临时斜支撑不符合规范要求，未设置上下两道，部分墙体支撑位置不符合要求，如图 2.3-37~图 2.3-41 所示。

（5）楼梯间外墙安装位置过高，斜撑过长，严重影响施工安全，如图 2.3-42 所示。

图 2.3-37 楼梯间缺少斜撑（×）

图 2.3-38 外墙拆分过大，斜撑过少（×）

图 2.3-39 外墙斜撑不符合要求（×）

图 2.3-40 外墙缺少一道斜撑（×）

图 2.3-41　内剪力墙斜撑缺少（×）

图 2.3-42　安装斜撑过长（×）

2.3.3　现浇段钢筋绑扎

1．绑扎现浇段部位钢筋

（1）绑扎暗柱插筋的箍筋。其绑扎顺序一般是由下而上，然后将每个箍筋平面内的甩出筋、箍筋与主筋绑扎固定就位，如图 2.3-43 所示。

（2）将暗柱插筋以上范围内的箍筋套入相应的位置，并固定于预制墙板的甩出钢筋上，如图 2.3-44 所示。

（3）安放暗柱竖向钢筋并将其与插筋绑扎固定。

（4）将已经套接的暗柱箍筋安放调整到位，然后将每个箍筋平面内的甩出筋、箍筋与主筋绑扎固定，如图 2.3-45 所示。

（5）"一"字形中间现浇段墙体钢筋绑扎时，箍筋可优化为双 U 形，以方便绑扎，如图 2.3-46 所示。

（6）在绑扎节点钢筋前，为防止浇筑节点混凝土时出现漏浆，应用发泡胶将相邻外墙板间的竖缝进行封闭。

图 2.3-43　墙体预留开口箍与纵筋绑扎

图 2.3-44　暗柱钢筋绑扎

图 2.3-45　暗柱钢筋绑扎完成

图 2.3-46　箍筋优化为双 U 形

2. 现场绑扎钢筋存在的问题

（1）为了现场吊装方便，墙体预留钢筋现浇节点处被严重弯折，如图2.3-47、图2.3-48所示。

（2）深化设计不合理导致现场安装困难，如图 2.3-49 所示。

（3）现浇段墙体纵筋未绑扎在墙体预留箍筋内，如图 2.3-50 所示。

（4）"一"字形墙体中间现浇段距离偏小，导致预制墙体无法正常安装，如图 2.3-51 所示。

（5）现浇段纵筋未伸入预留墙体箍筋内进行绑扎，如图 2.3-52 所示。

图 2.3-47　墙体预留筋掰弯（×）

图 2.3-48　墙体预留钢筋弯折（×）

图 2.3-49　"T"字形墙体预留筋无法绑扎（×）

图 2.3-50　纵筋绑扎不符合要求（×）

图 2.3-51　现浇段偏小（×）

图 2.3-52　纵筋未伸入预留墙体箍筋内（×）

2.3.4　现浇段模板支设

利用墙板上预留的对拉螺栓孔加固模板，以保证墙板边缘混凝土模板与后支模板连接紧固（图 2.3-53），防止胀模。支设模板时应注意以下几点：

（1）节点处模板应在混凝土浇筑时不产生明显变形漏浆，为防止漏浆污染预制墙板，模板接缝处粘贴海棉条。

（2）采取可靠措施防止胀模（图 2.3-54），如在直角部位、水平部位采用加密钢管进行加固。

（3）预制墙板中间的现浇段模板与顶板模板，及梁模板交界处需做加强处理，以防止漏浆，如图 2.3-55、图 2.3-56 所示。

图 2.3-53　现浇段模板加固

图 2.3-54　模板加固不到位引起胀模

图 2.3-55　预制墙与现浇梁交接处漏浆严重　　图 2.3-56　预制墙与现浇梁交接部位漏浆

2.3.5　预制外墙拼缝处理

1．设计要点

（1）水平缝采取设置构造反坎、密封胶及防水胶条等防水措施。

（2）竖直缝应充分利用现浇墙柱进行构造防水（图 2.3-57），并辅以密封胶或防水胶条，利用空腔构造排水措施。

（3）外墙接缝处以及主体结构的连接处应设置防止形成热桥的构造措施。

2．施工要点

（1）外墙接缝宽度不应小于 15mm，且不宜大于 35mm，若缝隙过大（图 2.3-58），塞缝施工困难，易造成渗漏水。

（2）"一"字形预制外墙连接时，吊装时需考虑墙体两侧钢筋预留，防止墙体距离过近，存在钢筋碰撞造成钢筋弯折，如图 2.3-59 所示。

（3）密封胶内侧宜设置背衬材料填充，背衬材料可采用直径为缝宽 1.3~1.5 倍的聚乙烯棒或密度不大于 37kg/m³ 的氯丁橡胶棒（又称为 PE 棒），如图 2.3-60、图 2.3-61 所示。背衬材料与接缝两侧基层之间不得留有空隙，背衬材料进入接缝的深度应和密封胶的厚度一致。

（4）密封胶使用前，与其相接触的有机材料应取得合格的相容性实验报告。

（5）嵌填密封胶后，应在密封胶表面干硬前用专用工具对胶体表面进行修整，溢出的密封胶应在固化前进行清理。

（6）密封材料嵌填应饱满密实、均匀顺直、表面光滑连续，厚度满足要求。

预制外墙板连接缝施工完成后（图 2.3-62）应在外墙面做淋水、喷水试验，并在外墙内侧观察墙体接缝处有无渗漏。

图 2.3-57　采用现浇段连接

图 2.3-58　连接缝隙过大

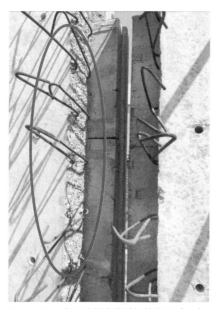
图 2.3-59　夹心外墙安装时钢筋弯曲（×）

图 2.3-60　墙板和梁间拼缝过大

 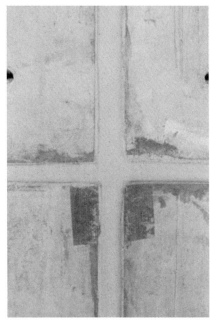

图 2.3-61　接缝采用氯丁橡胶棒填塞　　　图 2.3-62　预制墙缝隙成活效果

2.4

套筒灌浆连接

套筒灌浆连接是预制混凝土建筑（简称 PC 建筑）中的关键技术，设计方、构件制作方、施工安装方等必须予以高度重视；由于灌浆完成后没有有效的内部质量检测手段，所以灌浆工艺和过程控制尤为重要。工厂钢筋螺纹加工及现场灌浆更是质量控制的重点，其中难点在现场灌浆。

2.4.1　底部封仓、塞缝

1．剪力墙墙体底部封仓、塞缝工艺

（1）封仓、塞缝工艺一　用扁钢隔断进行填塞，填塞厚度 10mm，保证套筒插筋的厚

度满足规范要求，然后用座浆料进行封仓施工，达到强度后方可进行灌浆施工，如图 2.4-1、图 2.4-2 所示。

（2）封仓、塞缝工艺二　为填抹密实并防止封堵过深堵住套筒里孔，需要在里侧加略小于接缝高度的 PVC 管或 PE 棒或钢筋内衬，四周用座浆料封堵完毕后，及时将内衬抽出，抽出内衬时尽量不扰动已抹好的座浆料，待座浆料达到强度后方可进行灌浆施工，如图 2.4-3 ~ 图 2.4-5 所示。

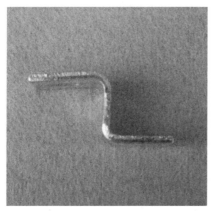

图 2.4-1　塞缝用扁钢

图 2.4-2　扁钢封堵过程

图 2.4-3　接缝采用 PE 棒填塞

图 2.4-4　PVC 管作内衬

2．墙体封仓、塞缝注意事项

（1）采用连通腔灌浆方式时，应对每个连通灌浆区域进行封堵，确保不漏浆。封堵材料应符合设计及现行相关标准的要求。

（2）封堵材料不应减小结合面的设计面积，即封堵材料覆盖的总面积和不应大于设计的允许面积。设计核算结合面受力时应扣除相应的封堵材料面积，并将设计扣除的面积在设计文件中注明。如设计文件中没有相关规定，施工单位应与设计单位协调沟通。

3．墙体塞缝封堵常见问题

（1）墙体塞缝封堵未使用扁钢等专用工具（图 2.4-6），现场直接用干硬性砂浆填塞，无法保证塞缝质量，规范的封堵成活效果如图 2.4-7 所示。

图 2.4-5　塞缝用钢筋内衬未及时取出（×）　　图 2.4-6　墙体塞缝封堵未采用专用工具（×）

图 2.4-7　墙体塞缝封堵成活效果（√）

（2）墙体预留接缝过大，或底部墙体表面平整度不满足要求，都会影响塞缝质量，如图 2.4-8、图 2.4-9 所示。

（3）塞缝封堵砂浆过深，会影响墙体有效灌浆截面，如图 2.4-10 所示。

（4）塞缝封堵不连续，无法保证灌浆密实度，如图 2.4-11 所示。

（5）部分墙体两侧楼板标高不一致导致塞缝难以控制，如图 2.4-12 所示。

（6）预制外墙根部垃圾未清理到位，导致塞缝不密实，如图 2.4-13 所示。

（7）预制外墙采用模板封堵后用发泡剂填塞，如图 2.4-14 所示。

（8）伸缩缝处预制外墙塞缝较为困难，塞缝质量难以保证，如图 2.4-15 所示，施工时需要特别重视。

图 2.4-8　底部缝隙过大（×）

图 2.4-9　底部墙体混凝土表面平整度较差（×）

图 2.4-10　塞缝砂浆过深（×）

图 2.4-11　塞缝处局部缺失（×）

图 2.4-12　墙体两侧标高不一致

图 2.4-13　外墙塞缝前垃圾未清理到位（×）

图 2.4-14　预制外墙采用发泡剂填塞

图 2.4-15　伸缩缝处墙体塞缝困难

2.4.2　灌浆工艺

1．灌浆的基本要求

（1）根据现行的《钢筋套筒灌浆连接应用技术规程》JGJ 355 要求：

1）竖向构件宜采用连通腔灌浆，并应合理分仓；连通灌浆区域内的任意两个灌浆套筒间距离不宜超过 1.5m。

2）竖向构件不采用连通腔灌浆时，构件底部应提前坐浆。

（2）灌浆料应提前与灌浆套筒进行匹配度试验，匹配后方可使用。

（3）预制构件安装就位后，应随层灌浆。

2．套筒灌浆的操作事项

（1）必须采用经过接头型式检验，并在构件厂检验套筒强度时配套的接头专用灌浆材料。

（2）提前准备好搅拌灌浆料的容器、搅拌工具、称量器具、灌浆料和清洁水。

（3）严格按照规定配合比及拌和工艺拌制灌浆材料（图 2.4-16）。搅拌均匀后静置 2min 排气，检测灌浆料的流动度，初始流动度不小于 300mm，如图 2.4-17 所示。

图 2.4-16　灌浆料拌制完成

（4）注浆前留置 3 组抗压强度检测试块，如图 2.4-18 所示。

（5）钢筋连接套筒灌浆操作时，应使用专用灌浆设备，逐个或者分批向套筒灌浆，从套筒灌浆孔采用压力灌浆法进行灌浆。通过控制注浆压力来控制注浆料流速，控制依据为灌浆过程中本灌浆腔内已经封堵的灌浆孔或出浆孔的橡胶塞以能耐住低压注浆压力不脱落为宜，如果出现脱落则立即塞堵并调节压力。若出现漏浆现象则停止灌浆并处理漏浆部位，漏浆严重则应提起墙板重新进行封仓、灌浆。有圆柱状浆料从出浆孔连续流出（且无气泡）时可视为该套筒注浆注满，如图 2.4-19、图 2.4-20 所示，操作者应经过专业培训，操作过程应有专人旁站监督。重点控制灌浆料在 30min 内必须用完。

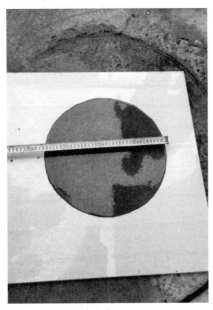

图 2.4-17　测试流动度

图 2.4-18　留置灌浆料试块

图 2.4-19　专业培训工人灌浆操作

图 2.4-20　圆柱状浆料流出后再封堵

（6）灌浆时，所有进 / 出浆孔均不进行封堵，当进 / 出浆孔开始往外溢流浆料，且溢流面充满进 / 出浆孔截面时，立即塞入橡胶塞进行封堵。

（7）若出现漏浆现象则停止灌浆并处理漏浆部位，漏浆严重的，应提起墙板重新封仓。

（8）待所有出浆孔均塞堵完毕后，拔除注浆管。应注意封堵必须及时，避免灌浆腔内经过保压的浆体溢出灌浆腔，造成注浆不实。拔除注浆管到封堵橡胶塞时间间隔不得超过 1s。

（9）全数检查进 / 出浆孔，确保灌浆密实饱满。

（10）及时清理溢流浆料，防止灌浆料凝固，污染楼面或墙面。

（11）灌浆完成 24h 后（强度达到 35MPa）方可进行后续施工（即可能引起其扰动的作业）。临时固定措施的拆除应在灌浆料抗压强度能够确保结构达到后续施工承载力要求后进行。

3．套筒灌浆常见问题

（1）墙体底部封仓塞缝不到位，灌浆料局部未灌满导致钢筋裸露，严重影响结构安全，如图 2.4-21 所示。

（2）墙体端部灌浆孔 / 出浆孔灌浆不饱满，如图 2.4-22 所示。

（3）灌浆孔 / 出浆孔灌浆后采用砂浆封堵，如图 2.4-23 所示。

（4）墙体底部塞缝不严密，导致灌浆料从塞缝处流出，如图 2.4-24 所示。

（5）墙体塞缝未一次到位，造成后期灌浆时出现漏浆现象，如图 2.4-25 所示。

（6）浆料未达到圆柱状流出就提前封堵出浆孔，如图 2.4-26 所示。

（7）由于监管不到位，造成外墙处未封堵或封堵不密实导致漏浆，严重影响结构安全，如图 2.4-27、图 2.4-28 所示。

图 2.4-21　灌浆料未密实（×）

图 2.4-22　出浆孔灌浆不饱满（×）

图 2.4-23　采用砂浆封堵灌/出浆孔（×）

图 2.4-24　灌浆料从塞缝底部渗漏（×）

图 2.4-25 墙体塞缝不到位（×）

图 2.4-26 出浆孔浆料未达到封堵要求（×）

图 2.4-27 外墙底部未塞缝就直接灌浆（×）

图 2.4-28 外墙底部封堵塞缝不密实（×）

2.4.3 灌浆饱满度检查

由于套筒结构属于隐蔽工程，且内部结构复杂，目前行业内主要有以下几种检测方法：放射线的检查法、预埋钢丝拉拔法、预埋传感器法、冲击弹性波法及内窥镜法等。

结合当下实际现场情况，由于高成本或者在现场很难操作，以上方法均不是最优选择，现场直接凿开墙底封仓塞缝浆料，通过观察及结合其他辅助措施来检查灌浆饱满度及密实度，如图 2.4-29~图 2.4-34 所示。

图 2.4-29　凿除墙体塞缝座浆料

图 2.4-30　检查灌浆密实度

图 2.4-31　外墙底部灌浆密实

图 2.4-32　墙体底部仓内灌浆密实

图 2.4-33　出浆孔浆料不饱满　　　　图 2.4-34　出浆孔浆料不饱满

为提高灌浆饱满度，灌浆时宜采用方便观察且有补浆功能的透明工具进行灌浆饱满性监测，如采用套筒灌浆检测器（图 2.4-35）。也可设置高位排气孔进行灌浆饱满度监测。

套筒灌浆检测器具体操作步骤如下：

（1）灌浆前，将检测器连接端插入套筒的上排浆孔，检测端垂直向上；当上排浆孔紧挨或上下重叠时，应保证检测端向上角度不小于 45°；确保检测器插入牢固，防止灌浆过程中脱落，如图 2.4-36 所示。

（2）灌浆过程中时刻观察检测端，等检测器全部灌满后，须再保压一段时间。如果构件较小须保压 30s，如果构件较大须保压 1min。

（3）灌浆完成 5min 后，观察检测器内浆料液面是否下降，并对液面下降的检测器做好标记。认真检查墙体周围，发现漏浆部位及时封堵，待封堵浆料凝固后立刻补灌浆，5min 后再观察检测器内浆料液面，如未下降，则视为补浆合格；如下降，重复上述操作。如果未发现涌浆部位，且浆料不低于检测端高度三分之二处，待 5min 后再次观察，若液面和 5min 之前一致，则证明套筒浆料饱满；若不一致，则可能是浆料自然回落引发补偿，须从相应套筒灌浆孔进行补浆。

（4）灌浆完成 24h 后，拆除检测器，并检查排浆孔饱满情况。

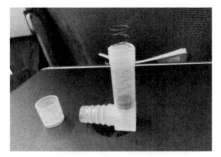 

图 2.4-35　透明工具灌浆饱满度检测器　　图 2.4-36　套筒灌浆检测器现场设置

2.5

叠合板安装

2.5.1　支撑体系

装配式预制叠合板支撑体系宜采用可调式独立钢支撑体系，如图2.5-1、图2.5-2所示。采用装配式结构独立钢支撑系统的支撑高度不宜大于4m。当支撑高度大于4m时，宜采用满堂钢管支撑脚手架体系。

但由于户型千变万化，构件拆分差异性较大，大多数一部分为现浇，一部分为叠合楼板，造成独立钢支撑在现场施工中优势并不明显。大部分现场还是采用传统满堂支撑体系。

1．搭设临时支撑

叠合板两端部位设置临时可调节支撑杆，预制楼板的支撑设置应符合以下要求：

（1）支撑架体应具有足够的承载能力、刚度和稳定性，应能可靠地承受混凝土构件的自重和施工过程中所产生的荷载及风荷载。

（2）确保支撑系统的间距及距离墙、柱、梁边的净距符合系统验算要求，上下层支撑应在同一直线上。桁架叠合板支撑间距大于1.2m且板面施工荷载较大时，跨中需在叠合板中间加设支撑。

（3）在可调节顶撑上架设木方，调节木方顶面至板底设计标高，并开始吊装预制叠合楼板。

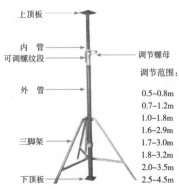

图 2.5-1　独立钢支撑示意

图 2.5-2　现场独立钢支撑

　　笔者现场检查中经常发现存在支撑搭设不规范的现象，如支撑间距过大、支撑端部木方调整不到位、模板满铺或大面积铺设、海绵条铺设位置不到位等，如图 2.5-3~图 2.5-8 所示。

图 2.5-3　横撑搭设不到位

图 2.5-4　板端支撑采用木方代替模板

图 2.5-5　支撑距离板端较远

图 2.5-6　后浇区域支撑间距过大

图 2.5-7 梁侧加固木方

图 2.5-8 模板端部未加固到位（×）

2．后浇区域临时支撑

叠合板后浇区域模板临时支撑尤为重要，一般有底部支撑模板和吊模两种方式加固。若支撑或加固不到位，会导致现浇混凝土漏浆，不得不进行后期打磨，造成成本浪费，如图 2.5-9~图 2.5-13 所示。

图 2.5-9 后浇区域支撑间距过大（×）

图 2.5-10 模板海绵条设置

笔者在施工现场检查中发现，只要现场管理及施工交底到位，临时支撑效果一般都较好，如图 2.5-16 所示。

图 2.5-11　后浇区域吊模

图 2.5-12　吊模顶部加固

图 2.5-13　板四周设置 150mm 模板条

图 2.5-14　模板海绵条设置不到位导致漏浆

图 2.5-15　后浇区域支撑间距过大漏浆严重（×）

图 2.5-16　模板海绵条设置到位

2.5.2　吊装叠合板

现场叠合板吊装应注意按顺序编号依次吊装。深化设计后的图中应将每个部位的叠合板进行编号标注，按编号生产后的叠合板表面应同时标注与深化设计图相同的编号。

叠合板进场需按规范要求进行检查，检查不合格的进行退场，如出现叠合板厚度不足（图 2.5-17），裂缝影响结构安全、挠度过大等。

叠合板吊装需使用专用吊具（图 2.5-18），一般按其大小分别设置 4、6、8 个起吊点（图 2.5-19），切勿直接采用吊钩起吊叠合板（图 2.5-20）。

图 2.5-17　叠合板厚度偏差过大

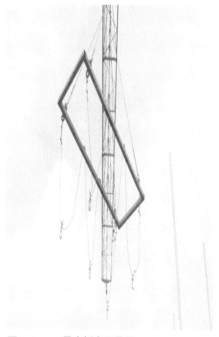

图 2.5-18　叠合板专用吊具

图 2.5-19　采用专用吊具起吊安装

图 2.5-20　未采用专业吊具（×）

　　按国标要求，叠合板四周均有出筋，在生产制作及现场安装环节都存在不同程度的困难，也有部分地区的地方性标准中采用取消叠合板四周出筋的形式，而采用在现浇层加一道附加筋做法，如图 2.5-21~图 2.5-23 所示。

图 2.5-21　不出筋叠合板安装

图 2.5-22　不出筋叠合板安装完成

图 2.5-23　出筋叠合板先吊装后绑梁钢筋　　　图 2.5-24　荷载集中堆放于叠合板上（×）

现场叠合板安装常见问题有：

（1）吊装时未按交底要求进行，钢筋及叠合板集中堆放在楼板面，存在严重安全隐患，如图 2.5-24、图 2.5-25 所示。

（2）后浇区域在深化设计时未考虑吊装时碰撞，板侧伸出"飞筋"，导致现场安装时全部弯起，如图 2.5-26 所示。

图 2.5-25　叠合板集中堆放（×）　　　　　图 2.5-26　伸出钢筋全部弯起（×）

（3）按相关规范要求叠合板后浇区域宽度不宜小于 200mm，但实际现场检查部分后浇区域宽度过小，导致现场钢筋无法有效绑扎，如图 2.5-27、图 2.5-28 所示。

（4）吊装应按顺序连续进行，将预制叠合板坐落在木方顶面，及时检查板底与预制叠合梁的接缝是否到位，叠合板钢筋入墙长度是否符合要求，叠合板伸入墙体的长度是否满足要求。叠合板四周应设置海绵条，避免现浇时漏浆。常见叠合板安装时，未精准矫正就直接落位，导致梁截面偏小，如图 2.5-29~图 2.5-32 所示。

（5）后浇区域叠合板伸出钢筋在现浇时未进行矫正，如图 2.5-33 所示。

（6）由于传统作业时，工人先绑扎梁钢筋再进行吊装，导致四周出筋叠合板进场后被人为砸弯，吊装后再恢复，但大部分现场无法恢复正常，应禁止采用该施工做法，如图 2.5-34~图2.5-36 所示。

图 2.5-27　预留宽度不足 200mm（×）

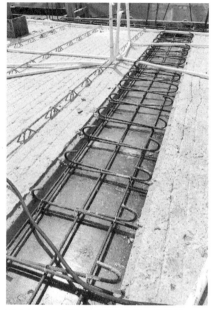

图 2.5-28　后浇区域钢筋绑扎正确做法

图 2.5-29　叠合板端部伸进墙 40mm（×）

图 2.5-30　梁截面尺寸偏差较大（×）

图 2.5-31　板端伸进梁内 35mm（×）

图 2.5-32　叠合板未调整到位（×）

图 2.5-33　后浇区域安装宽度不到位（×）

图 2.5-34　叠合板伸出钢筋未有效搭接（×）

图 2.5-35　叠合板伸出钢筋被砸弯（×）　　图 2.5-36　伸出钢筋未按图纸要求施工（×）

2.5.3　叠合层水电管线预埋

　　顶板预埋的水电管走向点位、放线孔位的确定，需提前二次深化设计（图 2.5-37）。常见住宅的叠合板设计一般为 60mm 厚，现浇混凝土层 70mm 厚，水电管线按照传统的敷设方式会导致板面板厚增加，从而导致板面保护层不能满足要求。所以在叠合板生产设计时需进行水电管线敷设的二次深化设计。在图上合理布置管线走向，避免出现板面过高现象，位置水电管线交叉多的位置将板底标高降低 20mm 或线管较多时将楼板改为现浇结构（图 2.3-38），这样增加了楼板厚度，现场钢筋施工中再加强对绑扎质量的控制，就能有效避免该类问题的发生。

图 2.5-37　二次深化设计后的管线敷设　　　图 2.5-38　管线较多处采用现浇楼板

现场水电管线预埋常见的问题有：

（1）叠合板标高过高或梁顶部钢筋标高不足，造成管线敷设在梁顶，导致梁顶钢筋保护层增大，如图 2.5-39、图 2.5-40 所示。

图 2.5-39　管线穿梁敷设

图 2.5-40　管线在梁顶部敷设（×）

（2）叠合板深化设计时遗漏预埋电盒或点位洞口，导致后期不得不现场开凿，如图 2.5-41、图 2.5-42 所示。

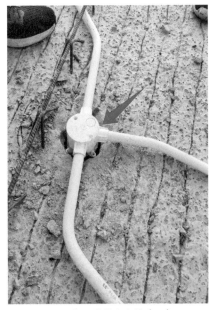

图 2.5-41　现场开凿线盒点位（×）

图 2.5-42　深化设计中遗漏管线洞口（×）

（3）叠合板制作时，桁架筋位置设置要合理，若控制不到位，导致桁架上弦筋距离叠合面过小，管线敷设困难，现场不得不进行切断桁架筋或将其作砸弯处理，如图 2.5-43~图 2.5-46 所示。

（4）管线布置不宜叠加三层，管线密集区应精细化策划及施工，反之则易导致现浇混凝土标高控制不到位而出现漏筋现象，如图 2.5-47、图 2.5-48 所示。

（5）叠合层管线预留预埋出现遗漏或偏位，导致后期不得不进行剔凿楼板混凝土，影响结构质量安全，如图 2.5-49、图 2.5-50 所示。

图 2.5-43　桁架筋设置位置应适中（√）

图 2.5-44　桁架上弦筋距离叠合面间距过小（×）

图 2.5-45　管线从桁架下穿过

图 2.5-46　桁架被砸弯（×）

图 2.5-47　管线交叉处超过 70mm（×）

图 2.5-48　管线密集区标高控制困难（×）

图 2.5-49　叠合层预留管线遗漏

图 2.5-50　叠合层预留管线偏位

　　（6）施工时应穿插好各个工序，穿梁套管需提前预埋。反之，会为了安装预埋套管而不得不将叠合板破坏，如图 2.5-51 所示。

　　（7）放线孔、泵管孔、传料口等预留洞口需在图纸深化阶段进行各专业协同，若深化设计中考虑不到位，将影响后续施工，如图 2.5-52 所示。

（8）深化设计时需考虑悬挑工字钢楼层的预埋钢筋锚环，但现状是设计师常会忽略施工措施，或因设计图纸时总包单位还未定标等原因造成前期无法正确预留，导致后期叠合板不得不进行开洞预埋，影响施工质量，如图 2.5-53~图 2.5-56 所示。有的项目直接在现浇层上预埋预留悬挑工字钢锚筋，但前提必须是经设计验算满足受力要求，如图 2.5-57、图 2.5-58 所示。

图 2.5-51　穿梁套管应提前预埋

图 2.5-52　放线孔深化不到位

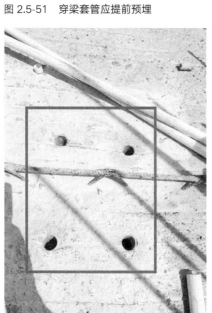

图 2.5-53　后期开凿叠合板预埋锚筋（×）

图 2.5-54　预埋悬挑工字钢锚筋套管（√）

图 2.5-55 叠合板预埋锚板锚筋

图 2.5-56 转角处锚板锚筋预埋

图 2.5-57 叠合层预埋锚筋

图 2.5-58 阳台处悬挑工字钢锚板预埋

公共区域或带水房间不宜拆分叠合板，若深化时未考虑预埋止水节，则后期处理不到位将存在漏水隐患，如图 2.5-59、图 2.5-60 所示。

图 2.5-59 叠合板预留洞

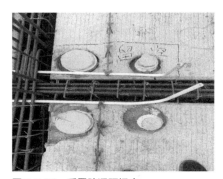

图 2.5-60 后置防漏预埋座

2.5.4　叠合层钢筋绑扎

　　不出筋叠合板需按相关规范要求在支座处设置附加钢筋，如图 2.5-61~图 2.5-63 所示。

　　叠合板后浇区域钢筋绑扎需注意按规范要求设置底筋，现场检查中常发现部分漏设或绑扎不符合要求，如图 2.5-64~图 2.5-66 所示。

图 2.5-61　中间支座处附加钢筋

图 2.5-62　构造钢筋间距过大（×）

图 2.5-63　边支座处附加钢筋

图 2.5-64　后浇区未设置底部钢筋（×）

图 2.5-65　设置两根底部钢筋

图 2.5-66　缺失钢筋保护层垫块

　　叠合板安装采用小拼缝或密拼时，叠合板需提前优化设计 V 形槽，以便后期设置防裂钢筋，如图 2.5-67、图 2.5-68 所示。

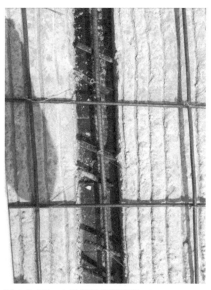

图 2.5-67　小拼缝处钢筋绑扎

图 2.5-68　叠合板密拼处钢筋绑扎

　　待机电管线铺设完毕、清理干净后，根据叠合板上方钢筋间距控制线进行钢筋绑扎，保证钢筋搭接和间距符合设计要求。负弯矩筋和放射筋的设置要保证混凝土保护层符合设计要求，如图 2.5-69、图 2.5-70 所示。同时可利用叠合板桁架钢筋作为上部钢筋的马凳，确保上部钢筋的保护层厚度符合设计要求，如图 2.5-71、图 2.5-72 所示。

图 2.5-69　放射筋 90°弯钩过长

图 2.5-70　负弯矩筋方向不符合要求

图 2.5-71　负弯矩筋绑扎

图 2.5-72　面层钢筋绑扎完成

2.5.5　混凝土浇筑

混凝土浇筑时必须保证混凝土面的标高和平整度符合要求，有预制构件处的混凝土标高和平整度在允许误差范围以内，避免混凝土面超差影响预制构件的安装，特别是要严格对墙柱等纵向结构的混凝土标高和平整度的质量控制。布料机位置需严格按审批方案进行布置，严禁直接放在叠合板上，如图 2.5-73 所示。

混凝土浇筑过程中，施工单位的施工、质检人员必须在场全程监督并不定时检查混凝土标高、平整度及预埋钢筋位置，避免在混凝土浇筑过程中因混凝土振捣、钢筋、模板加固不牢等造成钢筋位置偏移，影响后续预制构件的吊装施工。同时，对于发生位移的定位钢筋需在终凝前，及时进行调整矫正，如图 2.5-74 所示。

图 2.5-73 布料机直接设置在叠合板上（×）　图 2.5-74 混凝土浇筑完成面

当叠合楼板混凝土强度符合相关规定时，方可拆除板下梁墙临时顶撑、专用斜撑等工具，以防止混凝土过早承受拉应力而现浇节点出现裂缝，如图 2.5-75、图 2.5-76 所示。

现场检查中常发现，混凝土楼面漏筋的现象，如图 2.5-77 所示；因部分叠合板后浇区域模板、支撑加固不到位等原因，存在漏浆现象，需后期剔凿，质量得不到保证的同时还增加了施工成本，如图 2.5-78~图 2.5-80 所示。

叠合板密拼形成的缝隙或后浇区域混凝土浇筑后成活较好的项目，可在后期打磨完成后直接刮腻子作业，无须进行砂浆抹灰，如图 2.5-81、图 2.5-82 所示。

图 2.5-75 后浇区模板拆除　图 2.5-76 叠合板安装后效果

图 2.5-77　钢筋控制不到位导致漏筋严重

图 2.5-78　后浇区模板未及时拆除（×）

图 2.5-79　后浇区漏浆严重

图 2.5-80　后浇区混凝土剔凿

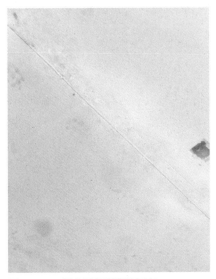

图 2.5-81　叠合板密拼缝隙打磨

图 2.5-82　叠合板顶棚无须砂浆找平

2.6

预制楼梯安装

2.6.1 安装前准备

按规范要求,预制楼梯与支承构件之间宜采用简支连接。预制楼梯宜一端设置固定铰,另一端设置滑动铰;预制楼梯设置滑动铰的端部应采取防止滑落的构造措施。安装时需注意以下几点:

(1)预制楼梯固定螺栓应在现浇阶段提前预留预埋(图 2.6-1),严禁后植筋或不设置锚栓。

(2)预制楼梯安装前应采用 1:3 水泥砂浆或座浆料对安装作业面进行找平处理,如图 2.6-2 所示。

(3)如果楼梯后期需要贴砖处理,楼梯表面应采用粗糙面或花纹钢板处理,以减少贴砖空鼓率。

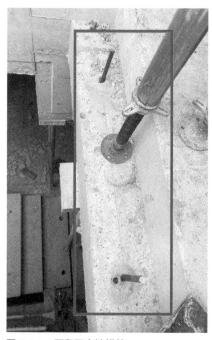
图 2.6-1 预留固定端锚筋

图 2.6-2 座浆料找平

2.6.2　预制楼梯吊装

　　预制楼梯板应采用专业吊具水平吊装。吊装时，应使踏步呈水平状态，以便于就位。吊装吊环用螺栓将通用吊耳与楼梯板预埋内螺纹连接。起吊前检查卸扣卡环，确认牢固后方可继续缓慢起吊。预制楼梯板就位时应从上向下垂直安装，在作业面上空 300mm 处略作停顿，施工人员手扶楼梯板调整方向，将楼梯板的边线与梯梁上的安放位置线对准，放下时要稳停慢放，如图 2.6-3~图 2.6-6 所示。预制楼梯板与现浇部位连接灌浆楼梯板安装完成、检查合格后，在预制楼梯板与休息平台连接部位采用灌浆料进行灌浆。

图 2.6-3　调整楼梯位置

图 2.6-4　在作业面上空 300mm 处停顿

图 2.6-5　挤塑板构造措施

图 2.6-6　楼梯安装就位

剪刀楼梯由于重量较大，单个重量一般都在5t左右，通常在构件深化设计时拆分为两段，有横向和纵向两种拆分方法，横向拆分时中间设置梯梁，两种方式各有优劣，见图2.6-7~图2.6-10。

图2.6-7　横向拆分楼梯

图2.6-8　中间设置梯梁

图2.6-9　纵向两段楼梯

图2.6-10　纵向拆分安装效果

预制楼梯吊装前应将保护护角准备到位，楼梯安装后，应及时将踏步面作成品保护，如图2.6-11、图2.6-12所示，避免施工中将踏步棱角损坏。楼梯成品保护需注意以下几点：

（1）预制楼梯板进场后堆放不得超过四层，堆放时垫木必须垫放在楼梯吊装点下方。

（2）在吊装前预制楼梯采用多层板钉成整体踏步台阶形状，以保护踏步面不被损坏，并且将楼梯两侧用多层板固定保护。

（3）在吊装预制楼梯之前应将楼梯预留灌浆圆孔处的砂浆、灰土等杂质清除干净，以确保预制楼梯的灌浆质量。

图 2.6-11　木模板成品保护

图 2.6-12　成品保护效果

2.6.3　预制楼梯安装常见问题

预制楼梯施工安装中主要存在以下问题，应需特别注意。

（1）未按设计要求在梯梁处设置合理缝隙，现场存在偏大或偏小，如图 2.6-13、图 2.6-14 所示。

（2）楼梯安装后，梯梁位置、楼梯中部存在裂缝，如图 2.6-15、图 2.6-16 所示。

（3）楼梯采用销键预留洞与梯梁连接做法时，应参照国标图集《预制钢筋混凝土板式楼梯》15G367-1 中固定铰端节点的做法实施。现场漏设楼梯端部预埋螺栓或预埋螺栓较长或预埋螺栓偏位严重，如图 2.6-17~图 2.6-19 所示。

（4）楼梯深化设计时未考虑建筑面层的做法，导致结构标高错误，如图 2.6-20 所示。

（5）在楼梯段上下口梯梁处未按图纸要求设置砂浆找平或砂浆找平层过厚，部分采用木方填塞等，如图 2.6-21~图 2.6-24 所示。

（6）楼梯缝隙处现场施工未按图纸要求设置构造做法，直接用砂浆或发泡胶填塞，如图 2.6-25、图 2.6-26 所示。

（7）深化设计时未考虑楼梯重量，导致现场只能二次切割后再吊装，如图 2.6-27 所示。

（8）根据施工图纸，弹出楼梯安装控制线，对控制线及标高进行复核，应在楼梯侧面距结构墙体预留 10mm 孔隙，以便为后续塞防火岩棉预留空间。但现场施工中常存在未预留缝隙、缝隙过大、用 PE 棒填塞等问题，如图 2.6-28~图 2.6-30 所示。

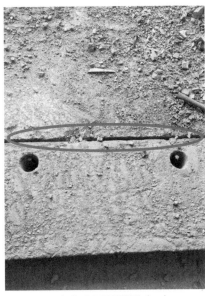

图 2.6-13　安装后无预留缝隙（×）

图 2.6-14　楼梯端部缝隙过大（×）

图 2.6-15　梯梁部位存在纵向裂缝（×）

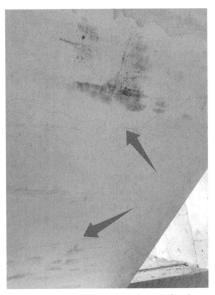

图 2.6-16　楼梯底部存在横向裂缝（×）

图 2.6-17　预留锚栓钢筋过长（×）

图 2.6-18　未预埋预留螺栓（×）

图 2.6-19　预埋锚筋偏位（×）

图 2.6-20　设计深化时未考虑面层做法（×）

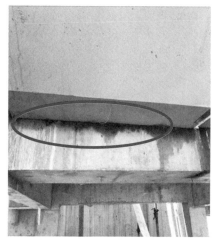

图 2.6-21　底部未设置垫片（×）

图 2.6-22　底部未设置砂浆找平层（×）

图 2.6-23　底部采用木方垫块（×）

图 2.6-24　砂浆层偏厚（×）

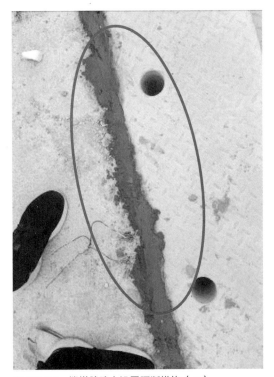

图 2.6-25　楼梯缝隙未设置隔断措施（×）

图 2.6-26　采用发泡剂填塞（×）

图 2.6-27　现场纵向切割楼梯（×）

图 2.6-28　楼梯距墙边距离过大（×）

图 2.6-29　采用 PE 棒填塞侧缝（×）

图 2.6-30　楼梯与墙边未留缝（×）

2.7

装配式 + 铝模体系

为了提高建筑工业化水平和节约资源，现浇部分采用铝合金模板体系，铝合金模板强度大、精度高，施工高效，理论周转次数可达 300 次，成型后混凝土表面平整，结合装配式墙板，可实现免抹灰工艺，极大提高了施工的工业化水平，符合绿色建筑施工的核心理念。

将预制装配技术与铝合金模板施工两种工艺有机结合，已成为行业发展的趋势，是当下一种主流的新型建造方式。

2.7.1　几种类型

1．叠合板 + 预制楼梯 + 铝模

（1）叠合板底部采用铝模 + 单管稳定支撑，如图 2.7-1 所示。

（2）叠合板连接处采用铝模早拆体系，如图 2.7-2 所示。

（3）现浇部位：主要包括底笼、叠合板、转角 C 槽、吊模、竖向背楞、单顶、固顶盒子，如图 2.7-3、图 2.7-4 所示。

图 2.7-1　叠合板底部铝模 + 单管支撑

图 2.7-2　叠合板 + 铝模体系

图 2.7-3　顶板铝模安装完成

图 2.7-4　叠合板安装

2.叠合板 + 预制楼梯 + 预制内墙 + 铝模

（1）外墙：铝模现浇墙体，如图 2.7-5~图 2.7-7 所示。

（2）内墙：预制墙体，如图 2.7-8 所示。

预制墙体上应按现浇墙体铝合金模板背楞间距预留出螺杆洞，用来连接和固定现浇部位的铝合金模板。

图 2.7-5　叠合板与现浇梁交接

图 2.7-6　叠合板与预制墙体连接

图 2.7-7　外墙铝模现浇墙体安装

图 2.7-8　预制内墙搭接部分铝模安装

3．叠合板 + 预制楼梯 + 预制内外墙体 + 铝模

（1）内外墙均为预制墙板，其重要部位及节点处的安装参见图 2.7-9~图 2.7-11。

（2）墙体节点处铝模板安装连接应充分利用预制墙体预留的螺栓洞口进行加固，如图 2.7-12 所示。

图 2.7-9　楼梯间预制外墙安装

图 2.7-10　预制外墙顶部节点铝模安装

图 2.7-11　预制凸窗和内墙采用铝模连接

图 2.7-12　预制外墙连接处铝模安装

2.7.2　关键节点的连接

在装配式 + 铝模建造体系下，节点连接深化设计属于其中最关键的工序，直接影响整体的安装质量及工期。

其中，墙体的节点有：

（1）一字形连接见图 2.7-13、图 2.7-14，又包括：

1）两侧均预制；

2）一侧预制，一侧现浇。

（2）L 形连接见图 2.7-15、图 2.7-16，又包括：

1）两侧均预制；

2）一侧预制，一侧现浇。

（3）T形连接见图 2.7-17、图 2.7-18，又包括：

1）外墙、内墙均预制；

2）内墙预制，外墙现浇；

3）外墙预制，内墙现浇。

叠合板的节点有：

（1）叠合板与现浇墙体连接，如图 2.7-19 所示。

（2）叠合板与现浇梁连接，如图 2.7-20 所示。

（3）叠合板与预制墙体连接，如图 2.7-21 所示。

（4）叠合板与叠合板连接，如 2.7-22~图 2.7-24 所示。

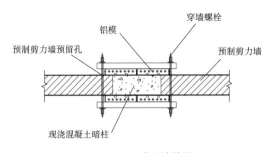

图 2.7-13　一字形连接图示

图 2.7-14　一字形连接现场安装

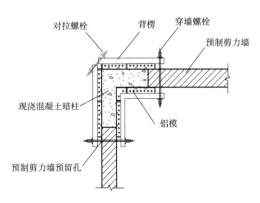

图 2.7-15　L 形连接图示

图 2.7-16　L 形连接现场安装

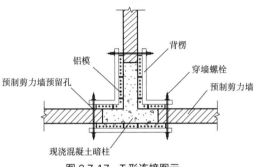

图 2.7-17　T 形连接图示

图 2.7-18　T 形连接现场安装

图 2.7-19　叠合板与现浇墙体连接

图 2.7-20　叠合板与现浇梁连接

图 2.7-21　叠合板与预制墙体连接

图 2.7-22　叠合板与叠合板连接

图 2.7-23　叠合板线支撑

图 2.7-24　叠合板成活效果

第 3 章

高精度砌体施工工艺

本章提要

传统砌体施工工艺因为容易出现水平灰缝厚薄不匀、竖缝宽度不一、砌筑平整度差，故一般无法满足薄抹灰施工精度。而采用传统抹灰工艺后期又容易出现空鼓、开裂等质量隐患。内墙采用高精砌体 + 薄抹灰工艺，可极大减少后期出现空鼓、开裂的风险；同时由于减少了现场湿作业的工作量，有利于提升工地的安全文明施工形象，部分地区高精度砌体还可以获得装配率的得分项。

3.1

施工准备

高精度砌块一般是指精度上符合规范要求的蒸压加气混凝土砌块。常用蒸压加气混凝土砌块分两种：一种是蒸压砂加气块；一种是蒸压粉煤灰加气块。以硅质材料（砂、粉煤灰及含硅尾矿等）和钙质材料（石灰、水泥）为主要原料，掺加发气剂（铝粉），经搅拌、浇注、预养、切割、蒸压养护等工艺过程制成的多孔混凝土制品，是当今用途较为广泛的墙体材料。

高精度砌体一般是指加气砖的尺寸误差在长 ±3mm、宽 ±1mm、高 ±1mm 范围内，并结合专用的粘结剂和工具进行干法砌筑，灰缝控制在 3mm 内的一种精细化施工的砌筑工程。

现场常用的高精度砌块强度等级为 A3.5，体积密度等级为 B06（干体积密度 ≤ 625kg/m³）。施工时所用砌块的龄期必须达到规定的 28d。

砌筑前现场需要具备以下条件：

（1）剪力墙及地面清理完毕。

（2）主要材料检测合格。

（3）砌筑前样板验收合格。

（4）控制线弹线完毕。

（5）有水房间混凝土止水反坎浇筑完毕。

（6）填充墙拉结筋植筋完毕，并按照规范要求完成了拉拔试验。

（7）L 形铁件按需进行热浸镀锌处理。

3.1.1 墙体拉结筋

拉结筋须按规范要求及排砖图确定墙体的植筋位置，如图 3.1-1 所示。首先需在砌块上进行开槽，将所植的钢筋压入槽内，待植筋完成后方可进行铺浆砌筑。

现场检查中常发现有拉结筋植筋不符合规范要求的情况，如植筋间距、拉结筋端部弯钩、固定胶牢固程度等，如图 3.1-2~图 3.1-4 所示。

图 3.1-1　墙体按设计要求间距植筋

图 3.1-2　拉结筋缺少一道（×）

图 3.1-3　拉结筋未按规范要求设置弯钩（×）

图 3.1-4　拉结筋未按模数设置（×）

3.1.2　砌块开槽

埋设在墙体内的水平拉结筋应预先在砌块的水平灰缝面开设凹槽，置入钢筋后，应用粘结剂填实至槽的上口平。

砌块的拉结筋开槽常见的有高精度砌块出厂自带和现场二次开槽两种形式，如图 3.1-5~图 3.1-8 所示。

图 3.1-5　高精度砌块出厂自带开槽

图 3.1-6　拉结筋专用开槽器

图 3.1-7　现场开槽后效果

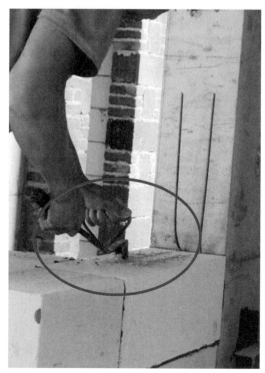

图 3.1-8　现场边开槽边砌筑（×）

3.2

墙体砌筑

3.2.1　墙体排砖

　　砌体施工前应根据砌块模数，编制砌块排砖图，并在柱上标注控制线。

　　砌筑排砖图应考虑底砖模数、砌块模数、窗台标高、顶砖位置，并在每片墙体的两端柱上标注皮数控制线及窗台标高。

　　砌筑户型图必须置于对应户型内，排砖图贴于墙端部，如图 3.2-1、图 3.2-2 所示。

图 3.2-1　排砖图上墙　　　　　　　　　　图 3.2-2　排砖砌筑效果

3.2.2　薄砌法砌筑

　　砌筑前每个房间必须弹出建筑标高控制 1m 线、房间方正控制线（300mm 控制线并上返至天棚）、砌筑定位控制线（墙身线）、门窗洞口位置线，并经验线符合设计图纸的尺寸要求，办完预检手续。砌筑施工过程中，必须双面挂天地线和水平控制线，以保证砌筑墙体的垂直、平整、方正性、合理灰缝宽度及观感质量。

砌筑中应注意以下问题：

（1）砌筑砂浆应采用砂加气专用粘接剂（图3.2-3），强度符合规范要求（图3.2-4）。

图3.2-3　砌筑专用粘结剂

图3.2-4　专用粘结剂强度试验

（2）砌块墙体采用拉结筋与主体可靠连接，拉结筋施工方式为：砌块与钢筋混凝土柱或墙之间的拉结，按每2皮设置拉结筋2Φ6.5 @ 500/600mm（拉结筋设置应参考施工图纸），如图3.2-5所示。

（3）砌块水平灰缝应用专用齿型刮刀均匀地将粘结剂铺于砌块底面和侧面或下皮砌块的表面，如图3.2-6所示。

图3.2-5　设置通长拉结筋

图3.2-6　砂浆饱满度达到80%

（4）第二皮砌块采用专用工具进行薄层砌筑，其垂直灰缝和水平灰缝宽度一般为2~4mm，并确保灰缝饱满。每皮砌块砌筑时需拉线进行横向灰缝的水平度控制，砌筑时应从转角开始，如图 3.2-7、图 3.2-8 所示。

（5）墙体要求同时砌筑，对不能同时砌筑又必须留置的临时间断处，应砌成斜槎。接槎时，先清理干净槎口，然后批铺粘结剂接砌。砌块墙体侧边和主体结构之间应留10~15mm 缝隙，墙顶和梁板之间留 10~20mm 缝隙，缝隙用聚合物砂浆填实。

（6）如建筑主体为钢结构，则砌体顶部可用 PU 发泡剂填充。

图 3.2-7　100mm 厚墙体灰浆满铺砌筑　　图 3.2-8　拉结筋通长设置

3.2.3　墙体砌筑效果

铝模混凝土墙体结合高精度砌块砌筑，墙体整体垂直平整度偏差可控制在 3mm 内，达到了免抹灰或薄抹灰的效果，如图 3.2-9~图 3.2-14 所示。

图 3.2-9　洞口两侧设置加强砌块　　图 3.2-10　100mm 厚墙砌筑完成效果

图 3.2-11　底部砌筑的三皮实心砖

图 3.2-12　砌筑完成效果

图 3.2-13　墙体垂直平整度检查

图 3.2-14　实测实量数据

3.2.4　砌筑中常见问题

实际砌筑现场检查中发现，高精度砌块在砌筑过程中常存在以下问题：

（1）墙体拉结筋设置时，砌块未开槽或开槽不规范，如图 3.2-15、图 3.2-16 所示。

（2）砌筑粘结剂铺设不饱满，高精度砌块砌筑时底面和侧面仅两侧铺浆，如图 3.2-17~图 3.2-20 所示。

（3）拉结筋未按要求通长设置，如图 3.2-21 所示。

（4）砌筑灰缝偏大，厚度超过设计要求的 2~4mm，如图 3.2-22 所示。

（5）墙体排砖不合理，导致顶部采用碎砖塞缝，如图 3.2-23 所示。

（6）墙体顶部灰浆塞缝出现横向裂缝，如图 3.2-24 所示。

图 3.2-15　砌块未开槽（×）

图 3.2-16　开槽不规范（×）

图 3.2-17　底面灰浆仅两侧铺设（×）

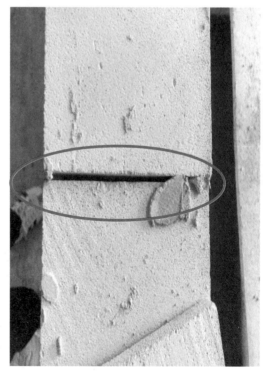

图 3.2-18　砌块中间未设置灰浆（×）

图 3.2-19　砌块侧面灰浆不饱满（×）

图 3.2-20　灰浆底面不饱满（×）

图 3.2-21　拉结筋未通长布置（×）

图 3.2-22　砌筑灰缝偏大（×）

图 3.2-23　顶部采用碎砖塞缝（×）

图 3.2-24　顶部灰浆塞缝出现裂缝

（7）墙体顶部预留缝隙过大，如图 3.2-25 所示。

（8）砌筑竖向灰缝不饱满，出现通缝现象，如图 3.2-26 所示。

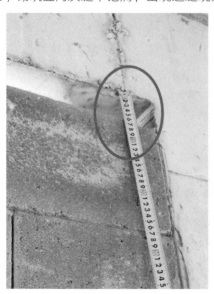
图 3.2-25　顶部缝隙过大（×）

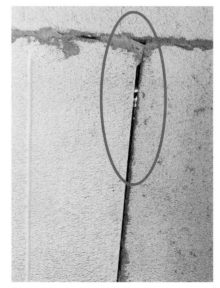
图 3.2-26　出现砌筑竖缝通缝（×）

（9）非抗震及 6 度抗震以下等级可采用 L 形铁件固定，但高层住宅中采用 L 形铁件固定砌筑墙体应符合规范要求，如图 3.2-27、图 3.2-28 所示。

（10）由于前期砌块排版不到位，造成砌筑时拉结筋被切断或打弯预埋，如图 3.2-29、图 3.2-30 所示。

图 3.2-27　L形铁片不符合规范要求（×）

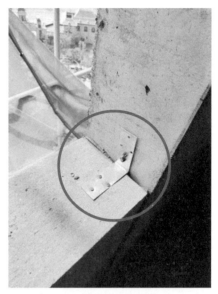

图 3.2-28　L形铁件尺寸偏小（×）

图 3.2-29　砌筑拉结筋被切断（×）

图 3.2-30　拉结筋设置不符合要求（×）

（11）深化设计时，若混凝土墙体采用铝模和高精度砌体时，混凝土墙体侧边可不设压槽企口，如图 3.2-31 所示。

（12）由于下挂梁加固不到位，导致后期高精度砌块砌筑时，梁偏位严重，需重新剔凿，如图 3.2-32 所示。

（13）高精度砌块墙体荷载吊挂较大时，应进行试验以便确定是否可采用实心砖砌筑，如图 3.2-33 所示。

（14）窗框两侧需按拉片位置深化砌块排版，有的部分排版不合理，如图 3.2-34 所示。

图 3.2-31　混凝土墙体侧边留设了企口

图 3.2-32　下挂梁偏位（×）

图 3.2-33　挂重物部位采用实心砖砌筑

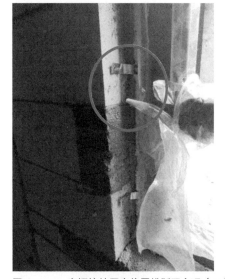

图 3.2-34　窗框拉片固定位置排版不合理（×）

（15）按规范要求，砌体工程严禁用两种砌块混砌，如确需两种材料混砌时，中间应加设构造柱，如图 3.2-35、图 3.2-36 所示。

（16）门窗洞口两侧墙体在 200mm 宽范围内应按需间隔布置混凝土预制块，如图 3.2-37 所示。

（17）砌筑墙体顶部不宜采用发泡胶填塞，如图 3.2-38 所示。

（18）高精砌体墙体管线密集处，需在墙体砌筑时留槽敷设管线且在砌筑时用砂浆将墙体填塞密实，如图 3.2-39、图 3.2-40 所示。

图 3.2-35　两种砌块混砌时转角未设置构造柱（×）　图 3.2-36　两种砌块混砌时未设置构造柱（×）

图 3.2-37　混凝土砌块间隔布置　　　　　　　　　图 3.2-38　顶部塞缝采用发泡填塞（×）

图 3.2-39　砌筑墙体管线较密集　　　　图 3.2-40　管线留槽处未用砂浆灌实（×）

3.3

过（圈）梁、构造柱设置

砌体部位应按图纸设计要求设置好构造柱、过梁、圈梁，同时各种预留洞、预埋件等均应按图纸及设计要求设置。

8 度抗震区构造柱部位必须留置马牙槎，要求先退后进。构造柱与墙体连接处粘贴海绵条。浇筑构造柱混凝土前，应将构造柱底部杂物清理干净，并用压力水冲洗后方可浇筑混凝土。

7 度及以下抗震地区，构造柱可采用铝模随主体一次性带出。

3.3.1　洞口过梁、圈梁

门窗洞口以及宽度大于 600mm 的预留洞口顶部需设置钢筋混凝土过梁，高度为100mm；过梁伸入两端墙体的长度不小于 250mm；部分门洞顶部离上层结构梁底距离小于过梁高度，在结构施工时应将梁底下移，一起浇筑完成，如图 3.3-1~图 3.3-4 所示。

当墙体高度超过材料的高厚比设计要求或大于 4m 时，应设置混凝土圈梁，圈梁可以与门洞口上的混凝土过梁连通浇筑，如图 3.3-5、图 3.3-6 所示。

图 3.3-1　洞口上方设置预制过梁

图 3.3-2　洞口顶部未设置过梁（×）

图 3.3-3　电箱上方设置预制过梁

图 3.3-4　门洞顶部设置过梁

图 3.3-5　墙体过梁支模浇筑　　　　图 3.3-6　墙体过梁浇筑效果

3.3.2　构造柱设置

对于按照设计图纸及规范要求设置的构造柱，必须先砌墙，后浇构造柱。构造柱与墙体连接处的砌体宜砌平。除按规范及施工图施工之外，对于强弱电箱等管线密集区设置的构造柱，箱体区一般采用专用的 U 形预制混凝土预制块，以解决隔声与开裂问题。

对于长度大于 5m 的墙体，中间要设置构造柱，如图 3.3-7 所示。

构造柱与墙体的连接处应砌成马牙槎，马牙槎应先退后进，每一马牙槎沿高度方向尺寸不应超过 300mm。

构造柱顶部两侧应预留牛腿形浇筑口，以便保证构造柱能浇筑密实，如图 3.3-8 所示。

采用不同材料、墙体转角处及楼梯间隔墙处均应设置构造柱，如图 3.3-9~ 图 3.3-12 所示。

图 3.3-7　设置马牙槎的构造柱　　　图 3.3-8　墙体转角处构造柱顶部预留的牛腿形浇筑口

图 3.3-9　不同材料处设置构造柱

图 3.3-10　不同材料交界处未设置构造柱（×）

图 3.3-11　楼梯间构造柱马牙槎设置（√）

图 3.3-12　楼梯间隔墙未设置构造柱（×）

3.4

墙体水电管线开槽

电器管线、盒的敷设工作中，必须待墙体砌筑完成并达到一定强度后方能进行。一般先在墙体上按设计位置弹出管线盒的开槽、剔洞位置，然后用手提电动切割机并铺以手工镂槽器开出管线或盒槽。

3.4.1　水电开槽

墙体砌筑灌缝完成 2d 后方能进行切割剔槽，严禁开凿交叉和长水平槽。

管线开槽应使用专用工具并辅以手工镂槽器，严禁锤斧剔凿，如图 3.4-1 所示。水平向开槽总深度不得大于墙厚的 1/4，竖向开槽总深度不得大于墙厚的 1/3，应避免交叉双面开槽。敷设管线后的槽应用修补砂浆填实，宜比墙面微凹 2mm，再用粘结剂补平。线盒按灰饼正确固定后，用水泥砂浆填实并切成八字角，如图 3.4-2 所示。

图 3.4-1　开槽器

图 3.4-2　水电开槽样板

现场检查中发现，高精度砌块在水电管线开槽过程中常存在以下问题：

（1）未按工艺要求或技术交底进行放线，在现场随意开槽，如图 3.4-3、图 3.4-4 所示。

（2）砌筑时不按方案要求，管线密集区直接预留位置，后期则采用碎砖填补，如图 3.4-5、图 3.4-6 所示。

（3）开槽工具使用不当，开槽深度不均匀，如图 3.4-7、图 3.4-8 所示。

（4）管线密集区，在高精砌块砌筑时可深化为预留洞方式，待砌筑完成后，再用细石混凝土将其灌密实，如图 3.4-9、图 3.4-10 所示。

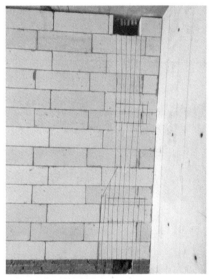

图 3.4-3　在管线密集位置开槽放线

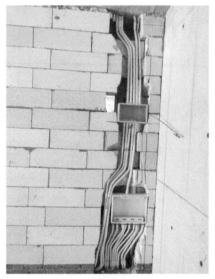

图 3.4-4　开槽不规范（×）

图 3.4-5　未按技术交底砌筑（×）

图 3.4-6　墙体随意开槽

图 3.4-7　未使用开槽专用工具随意开槽（×）

图 3.4-8　开槽深度不一（×）

图 3.4-9　管线密集处砌筑施工预留

图 3.4-10　砌块预留孔未随砌随灌密实

3.4.2　墙体修补

　　墙体中的预埋管线固定后，线槽应用聚合物砂浆分两次补平。第一次填实至距表面
5~8mm 处；待干后再用聚合物水泥砂浆填补，宜比墙面微凹 2mm，然后用黏合剂补平，
沿槽长外贴宽度不小于 100mm 的耐碱玻纤网格布，如图 3.4-11~图 3.4-14 所示。

笔者在现场检查中曾发现不按施工工艺进行修补的情况，如未挂网格布直接采用砂浆填塞，甚至采用苯板等废料进行封堵，如图 3.4-15、图 3.4-16 所示。

图 3.4-11　水电线槽补缝

图 3.4-12　箱体四周用细石混凝土填塞

图 3.4-13　水电线槽粘贴网格布

图 3.4-14　不同基层材质间粘贴网格布

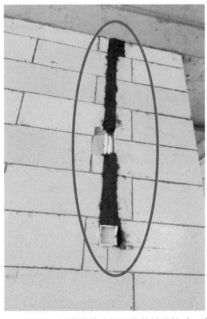

图 3.4-15　开槽线管未使用修补料修补（×）

图 3.4-16　墙体开槽后未按方案修补（×）

第 4 章

ALC 条板安装工艺

本章提要

ALC 条板全称为蒸压加气混凝土板，该工艺选用专用配套粘结剂粘接，内墙条板主要采用 U 形卡、管卡等专用连接件安装。外墙条板主要采用钩头螺栓、滑动螺栓法、内置锚板法安装，采用专用填缝剂填缝，配合免抹灰或薄抹灰，使墙面平整度符合规范和相关标准的要求。

蒸压加气混凝土板工艺安装过程和后期表面处理过程中，较传统工艺施工减少了大量的现场湿作业，现场安全文明施工效果好，通过工艺提升实现了提高质量、缩短工期的目标，符合国家扬尘治理等环保政策的要求，也是装配式建筑的重要组成部分。

4.1

施工准备

4.1.1　现场准备

　　ALC 板与铝模配合使用时，主体施工中一般需对铝模进行深化设计，将门过梁深化为下挂板，短墙、门垛等二次构件与主体混凝土一次性浇筑。

　　对于室内小于 100mm 的门垛，如无法随主体一次性带出，应采用混凝土二次浇筑。

　　厨房、卫生间、水管井等有水房间混凝土反坎一般在主体施工中完成。

4.1.2　材料准备

1．主要板材

　　内墙板应选用强度等级不低于 A2.5 的配筋板材，外墙及屋面板应选用强度等级不低于 A3.5 的配筋板材，如图 4.1-1、图 4.1-2 所示。

　　板的长度根据工地现场墙体的实际高度确定，安装前复核墙体的净高度，板材的实际长度应比安装位置处的墙体净高矮 20~40mm，板侧边需带子母槽。

　　墙板安装时优先选择竖向安装方式，外墙板可采用板横向或竖向安装方式。

　　条板进场需验收相关指标，检测报告应合格。

图 4.1-1　ALC 条板堆放

图 4.1-2　ALC 条板内部构造

2．辅助材料

（1）专用粘结砂浆、修补料、嵌缝剂等，需与主材配套供应。

使用要求：与板材配套使用，严格按照配比进行拌制，保证粘结剂、修补料、填缝剂等相关辅材的材料性能在满足规范要求的前提下，应考虑板边企口、板厚选用等问题，辅材要与现场选用的 ALC 板相适应。

（2）专用 U 形卡、管卡、钩头螺栓、直角钢等材料（图 4.1-3~图 4.1-6）。

使用要求：U 形卡、管卡选用 Q235-B 型钢材，厚度不应小于 3mm，表面热镀锌处理，镀锌钢卡的热浸镀锌层不宜小于 175g/m^2。直角钢材料选用 Q235-B 型钢材，厚度不应小于 3mm，表面刷防腐漆。

钩头螺栓、双头螺栓、内置锚板选用 Q235-B 热镀锌钢材，钩头螺栓型号及长度应根据墙体厚度选择，内置锚板表面应经热镀锌处理，镀锌钢卡的热浸镀锌层不宜小于 175g/m^2，厚度不应小于 3mm，具体应根据使用条件及年限进行相应防锈处理。

图 4.1-3　U 形卡

图 4.1-4　钩头螺栓

图 4.1-5　管卡

图 4.1-6　直角钢材

4.2

ALC 条板安装

4.2.1　墙体排版设计

　　首先根据施工图纸和楼内施工的控制线，确定板材的墙体安装位置，弹出墙板的安装边线和安装控制线，如图 4.2-1、图 4.2-2 所示。根据楼层标高线在墙体弹出建筑 1m 线，以便安装洞口处的墙板。

　　ALC 条板排版设计中应注意如下事项：

　　（1）应对条板排版细化设计，小于 200mm 宽的 ALC 墙板不得使用，条板大面积施工前，应先组织样板安装验收。

　　（2）入户门、钢质防火门处应采用混凝土浇筑门垛。

　　（3）板间缝隙应用专用粘结砂浆粘接牢固，粘接前应先将基层清理干净，粘结剂灰缝应饱满均匀，安装时以把灰浆挤出为宜并清理干净。施工完成后灰浆厚度应不大于 5mm，饱满度应大于 80%，不得出现瞎缝。

　　（4）对于卫生间脸盆、热水器、橱柜等的固定，应根据其重量的不同，进行其承载设计，必要时采用锚栓或对拉螺栓固定。

　　（5）安装完成 14d 后方可进行水电开槽。应使用专业工具开槽。先放线，后开槽。

　　（6）外墙条板板缝，应采用聚合物防水砂浆压入耐碱网格布，防止其开裂及渗漏水。

　　（7）水电管线安装完成后间隔 7d 方可允许进行抗裂砂浆修补施工。

　　（8）注意对成品的保护，破损较大的板材不能使用。

图 4.2-1　排版放线

图 4.2-2　板材切割排版

4.2.2　内墙条板安装

（1）内墙板一般选用竖板（过梁板除外）安装方式，安装板材时宜从门洞边开始向两侧依次进行。门洞两侧宜用整块板，无门洞口的墙体应从一端向另一端顺序安装。

（2）板材安装时与主体交接处应用 L=25mm 射钉或 M8 膨胀螺栓打入 U 形卡，每两块板缝处设不少于一个。采用管卡安装时，每块板不少于一个固定管卡。固定用 U 形卡尺寸应与板材厚度和企口类型应相适应，如图 4.2-3 所示。

（3）ALC 板材采用专用运输工具并保证质量运输，如图 4.2-4 所示。

（4）ALC 板安装时，板拼接子母槽处应采用挤浆工艺，如图 4.2-5、图 4.2-6 所示。

（5）板材安装后校正板材的垂直度和平整度，如图 4.2-7、图 4.2-8 所示。

图 4.2-3　固定 U 形卡

图 4.2-4　条板专用运输工具

图 4.2-5　从一侧安装

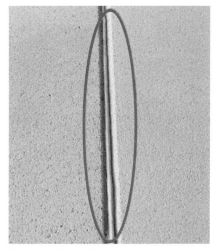

图 4.2-6　挤浆工艺

图 4.2-7　垂直度调整

图 4.2-8　平整度调整

（6）板材内墙底缝填塞细石混凝土或采用 1:3 水泥砂浆。当底部使用木楔时，取出作业中不得对已完成的墙板造成扰动，取出木楔后应将木楔洞进行二次塞实，如图 4.2-9、图 4.2-10 所示。

（7）墙转角处和丁字墙处，采用Φ8、L=300~400mm 的销钉加强，沿墙高一般用 2 根，分别位于距上下各 1/3 处，以 30°角方向打入，但不宜采用对墙体有较大水平位移要求的柔性接缝，如图 4.2-11、图 4.2-12 所示

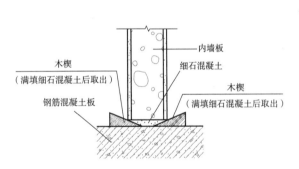

图 4.2-9　底部填塞示意图

图 4.2-10　底部填塞

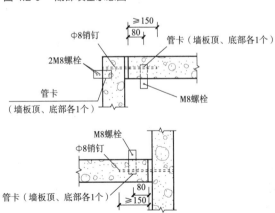

图 4.2-11　销钉加强示意图

图 4.2-12　现场打入销钉

（8）墙板侧边及顶部与钢筋混凝土墙、柱、梁、板等主体结构连接处应预留 10~20mm
缝隙，如图 4.2-13 所示。

（9）墙板顶缝与主体结构之间宜采用专用嵌缝剂填塞。有防火要求时，应采用防火材
料填缝，如图 4.2-14 所示。

图 4.2-13　顶部及侧边预留缝隙

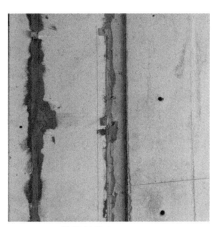

图 4.2-14　填缝剂填塞

（10）拼缝处理

1）在墙体安装完成后严禁对其碰撞振动，以免造成板缝错动开裂。

2）底部塞缝约 2 周后，待填塞混凝土达到一定强度后，方可对条板拼缝进行抗裂处理。

3）采用 V 形槽 ALC 条板时（图 4.2-15），条板板缝用嵌缝剂补平后，应压入宽度为
100mm 耐碱网格布进行抗裂处理。

4）ALC 条板采用 U 形企口槽时（图 4.2-16），板边加工企口，企口包含条板两侧面的

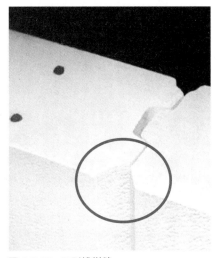

图 4.2-15　V 形槽拼缝

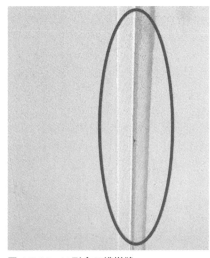

图 4.2-16　U 形企口槽拼缝

...

榫头、榫槽及接缝槽，接缝槽深 3~5mm、宽度为 50mm。

　5）条板安装时企口处采用 3~5mm 嵌缝剂压入 50mm 宽耐碱网格布，如图 4.2-17、图 4.2-18 所示。移交精装修前，板缝处应采用嵌缝剂粘贴 100mm 宽网格布再次进行抗裂处理，如图 4.2-19、图 4.2-20 所示。

　6）ALC 条板安装前一般采用样板先行，如图 4.2-21、图 4.2-22 所示。

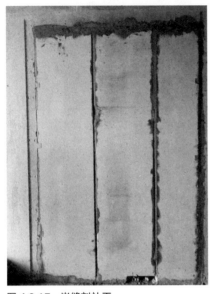

图 4.2-17　嵌缝剂补平

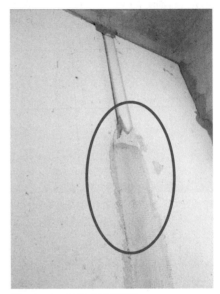

图 4.2-18　压入耐碱网格布

图 4.2-19　板缝二次抗裂处理一

图 4.2-20　板缝二次抗裂处理二

图 4.2-21　短墙条板质量检查

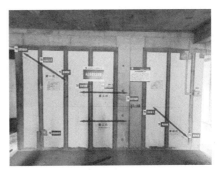

图 4.2-22　条板安装成活质量检测样板

（11）构造柱设置。根据相关规范及图集要求，ALC 板材墙体不同于砌筑墙体，除了两种材料交界处、墙长大于 5~6m 或者超过层高 2 倍时，需要设置构造柱外，门窗洞口两侧及其他位置均不需要设置构造柱，但现场检查中经常有发现部分 ALC 条板墙体仍按砌筑规范要求设置了构造柱，如图 4.2-23~图 4.2-34 所示，这样做既增加了施工难度，又提高了成本。

图 4.2-23　墙自由端无须设置构造柱

图 4.2-24　门洞口两侧无须设置构造柱

图 4.2-25　洞口两侧无须设置构造柱

图 4.2-26　门垛部位无须设置构造柱

图 4.2-27　墙高超过 4m 设置过梁及构造柱

图 4.2-28　构造柱和过梁成活效果

图 4.2-29　不同材料交界处设置构造柱

图 4.2-30　墙端构造柱

图 4.2-31　门两侧设置构造柱

图 4.2-32　转角处设置构造柱

图 4.2-33　长墙中（端）部设置构造柱

图 4.2-34　丁字墙处设置构造柱

4.2.3　外墙条板安装

1．安装上、下通长角钢

（1）测量外墙 ALC 墙板的安装距离，用切割机将角钢切割成需要的长度，在 L63×6 适当位置钻孔，间距应≤600mm。

（2）根据外墙抹灰厚度，确定角钢的固定位置，角钢固定需考虑钩头螺栓抹灰隐蔽处理，如图 4.2-35~图 4.2-37 所示。

（3）为保证现场的安装安全，角钢宜放置在外墙外侧，并对抗风荷载进行验算。

图 4.2-35　顶部角钢安装

图 4.2-36　底部角钢安装

2．螺栓固定角钢

根据角钢钻孔的位置，在钢筋混凝土顶板上用电锤打孔，再 M12 金属螺栓固定。

外墙底部如果存在反坎，则可在反坎部位混凝土浇筑时提前预埋 L75×6 埋件，长度 100mm，间距不大于 600mm，角钢与埋件焊接固定，避免膨胀螺栓施工时打碎反坎造成底部固定不牢。

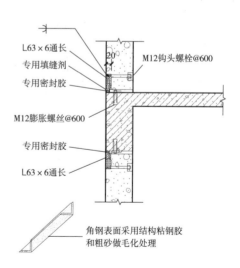

图 4.2-37　安装角钢示意图

3．安装固定外墙条板

（1）外墙板可选用横板、竖板及拼装大板安装，施工前应根据图纸绘制排版图，以方便配料，并减少现场的切割工作。

（2）安装板材时宜从窗洞边开始向两侧依次进行，窗洞两侧宜用整块板，无洞口的墙体应从一端向另一端顺序安装。

4．钩头螺栓固定

（1）首先在加气混凝土条板的两端打孔，然后穿入 M12 钩头螺栓，居板中安装。板两端用钩头螺栓分别与固定在楼板和顶梁 / 板上的 63×6 角钢连接，如图 4.2-38~图 4.2-42 所示。

（2）为保证抹灰厚度，条板上下均应切割 20mm 深通长凹槽。钩头螺栓安装完毕后，挤入圆形垫片，采用专用扳手拧紧钩头螺栓螺母。

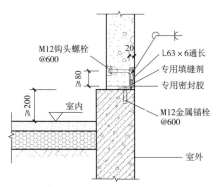

图 4.2-38　钩头螺栓安装节点图一

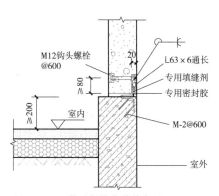

图 4.2-39　钩头螺栓安装节点图二

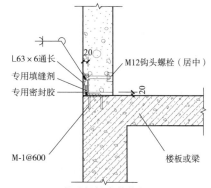

图 4.2-40　钩头螺栓安装节点图三

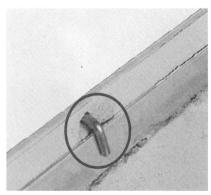

图 4.2-41　钩头螺栓底部安装

图 4.2-42　钩头螺栓顶部安装

5．外墙门窗洞口扁钢／角钢加固

（1）外墙洞口应采用扁钢或角钢进行加强，加强扁钢或角钢应根据当地风压、板长及洞口尺寸进行选型，详见《蒸压加气混凝土砌块、板材构造》13J104。

（2）采用扁钢连接时，自攻螺钉长不小于100mm，直径不小于6mm。

（3）扁钢应与外墙条板角钢焊接连接，或采用 – 100×100×6 加强钢板焊接固定，如图4.2-43、图4.2-44所示。所有焊接部位均应做清渣刷防锈漆处理，如图4.2-45、图4.2-46所示。

图 4.2-43　扁钢与角钢焊接

图 4.2-44　洞口扁钢加强

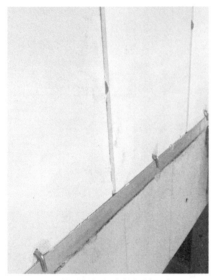

图 4.2-45　钩头螺栓与角钢焊接固定

图 4.2-46　焊接节点刷防锈漆

6．门头板与墙板的安装固定

门头板与墙板安装固定方式主要有两种，如图4.2-47~图4.2-50所示。

对于入户门、防火门等处承受荷载较大的墙板，可在门框两侧增加混凝土构造柱，这种方法在实际施工时更方便。

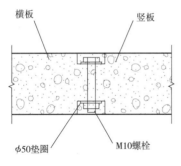

图 4.2-47　螺栓固定

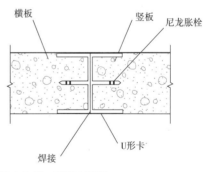

图 4.2-48　U 形卡对焊

图 4.2-49　门头板采用螺栓固定

图 4.2-50　螺栓固定预留洞

4.3

水电管线安装

4.3.1　水电管线开槽

在墙板上钻孔、开槽等，如安装门、窗框，敷设管线，预埋铁件等，应在板材安装完毕且板缝内粘结剂达到设计强度后方可进行。

开槽前应先用线弹出开槽位置，使用专用工具，严禁剔凿。墙上不宜横向开槽，纵向开槽不宜大于 1/3 板厚且宜避开主要受力钢筋，如图 4.3-1~图 4.3-6 所示。

敷设管线后，应用专用修补材料补平并粘贴网格布做防裂处理。

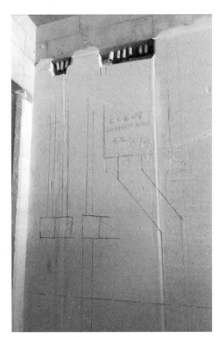
图 4.3-1　开槽位置弹线定位

图 4.3-2　用专业工具开槽

图 4.3-3　开槽位置偏移（×）

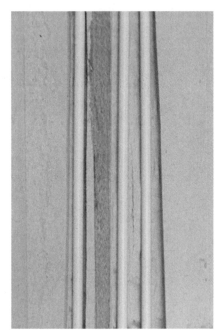
图 4.3-4　开槽宽度偏大（×）

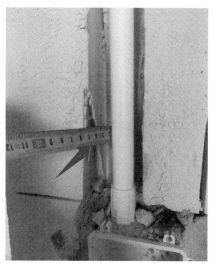

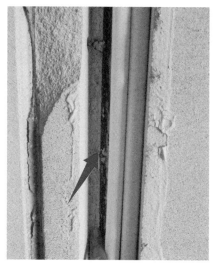

图 4.3-5　开槽过深（×）

图 4.3-6　开槽后钢筋外漏（×）

4.3.2　采用修补料修补

　　ALC 板施工完毕后，应检查条板，对磕碰部位采用修补料修补。笔者现场检查中发现有的未按要求进行修补，导致后期裂缝严重，影响墙体质量，如图 4.3-7、图 4.3-8 所示。

　　整个墙面板安装完成后，应检查墙面安装质量，对超过允许偏差的墙面用钢齿磨板或磨砂板修正，对缺棱掉角的墙板用 ALC 板专用修补料进行修补。保证板面平整、边角清晰，如图 4.3-9、图 4.3-10 所示。

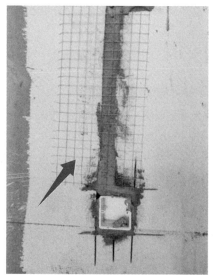

图 4.3-7　管线开槽未按要求修补（×）

图 4.3-8　开洞处严禁碎砖填塞后修补（×）

图 4.3-9　墙板拼缝处铺挂玻纤网

图 4.3-10　墙板修补完成效果

4.4

条板防裂构造措施

1．条板与主体梁、墙柱之间的缝隙

ALC 条板宜采用宽 50mm、深 3~5mm 的防裂槽条板，混凝土结构与板材交接处梁、柱、墙上也宜设置与板材对应的企口，防裂槽用嵌缝剂粘贴 100mm 宽的耐碱玻纤网格布，以减少主体与 ALC 板之间的裂缝，如图 4.4-1、图 4.4-2 所示。为了减少不同材料连接处填充墙体的开裂，除了应严格按照国家标准图集进行施工外，还应注意以下几点：

（1）ALC 墙板安装完毕后，墙体上端和下端与主体结构间应留缝隙 10～20mm，后用 1∶3 水泥砂浆嵌填密实。

（2）ALC 墙板填充墙接缝处最容易产生干缩变形，故对此板缝的处理尤为关键。调整木楔应在砂浆结硬后取出，且应填补同材质砂浆。外墙板缝采用密封胶密封，内墙板缝采用勾缝剂勾缝。墙板安装完毕后，应对缺棱掉角部位进行修补。

（3）ALC 墙板填充墙有效长度超过 6m 时，建议在墙体中间留设 30mm 的缝隙，然后进行嵌缝处理。

（4）ALC 墙板安装后应在墙体达到一定强度后方可进行开槽、开洞作业，作业前应按设计图将管线位置与走向在墙板上进行弹线定位。

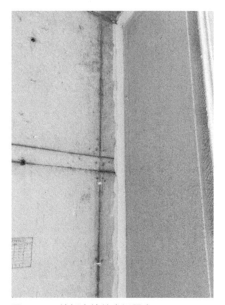

图 4.4-1　墙板交接处未设置企口　　　　图 4.4-2　墙板交接处开裂

2．有水房间的板材与后浇止水反坎的固定措施

（1）外墙混凝土反坎浇筑前应提前预留预埋 L75×6 埋件，角钢与埋件焊接固定。

（2）内墙条板可采用管卡固定，管卡弯折固定于反坎混凝土一侧。

（3）缝隙应用玻纤网配合专用嵌缝剂或聚合物抗裂砂浆做加强处理，如图 4.4-3、图 4.4-4 所示。

图 4.4-3　外墙外部做加强处理　　　　图 4.4-4　反坎内缝隙做加强处理

3．不同条板拼缝的防裂处理

如设计中使用不同材质的条板，则不同材质条板接缝间宜采用平缝对接连接，排版时应将缝隙放置于隐蔽部位，接缝部位需铺挂玻纤网加固，防止开裂。严禁在丁字墙、门垛等部位进行拼缝连接，如图 4.4-5、图 4.4-6 所示。

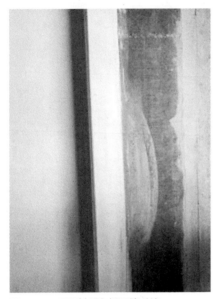

图 4.4-5　不同材质条板平缝对接　　　　　图 4.4-6　门垛部位排版措施

4．外墙板缝打胶

首先，将外侧条板企口拼缝凹槽清理干净，然后再打密封胶进行封闭，以防止板缝渗漏水，如图 4.4-7、图 4.4-8 所示。

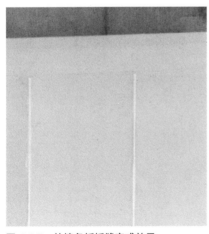
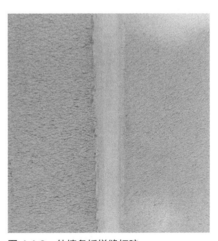

图 4.4-7　外墙条板板缝完成效果　　　　　图 4.4-8　外墙条板拼缝打胶

4.5

ALC 条板安装常见问题

笔者在施工现场检查中发现，ALC 条板在安装过程中经常存在以下问题：

（1）板缝挤浆安装时，灰浆不饱满，不均匀，存在透缝、瞎缝现象，如图 4.5-1~图 4.5-4 所示。

（2）条板顶部管线处随意开洞，灰浆不饱满，如图 4.5-5 所示。

（3）梁顶部安装条板 U 形卡处未设置企口，如图 4.5-6 所示。

（4）门头板未按图集做法进行螺栓连接或 U 形卡对接，存在碎板拼接、一端无搭接、搭接范围内管线开槽等不合理做法，如图 4.5-7~图 4.5-10 所示。

图 4.5-1　板缝灰浆不饱满（×）

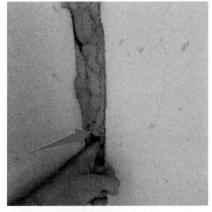

图 4.5-2　板缝灰浆不均匀（×）

图 4.5-3　板缝挤浆不密实（×）

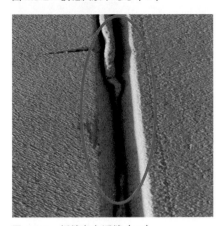

图 4.5-4　板缝存在透缝（×）

图 4.5-5　条板顶部随意开洞（×）

图 4.5-6　U 形卡处未设置企口（×）

图 4.5-7　门头板使用碎板拼接（×）

图 4.5-8　开槽不合理（×）

图 4.5-9　门头板搭接不符合要求（×）

图 4.5-10　门头板一端无搭接（×）

（5）外墙窗口扁钢加强不连续，如图 4.5-11 所示。

（6）丁字墙处 ALC 条板拼接排版不合理，如图 4.5-12 所示。

（7）主体结构墙体与 ALC 条板连接处 U 形卡侧边缝隙挤浆不密实，如图 4.5-13 所示。

（8）ALC 条板顶部管卡连接处未设置缝隙，如图 4.5-14 所示。

（9）ALC 条板安装时顶部木楔未按要求及时取出，条板底部塞缝不密实，如图 4.5-15、图 4.5-16 所示。

（10）条板间板缝未按要求铺挂玻纤网，砂浆修补不到位，存在纵向裂缝，如图 4.5-17 所示。

（11）ALC 条板门洞口设置了构造柱和过梁，如图 4.5-18 所示。

（12）楼梯间 ALC 隔墙端部及室内 ALC 条板与砌块交接处未设置构造柱，如图 4.5-19、图 4.5-20 所示。

图 4.5-11　窗口扁钢加强不连续

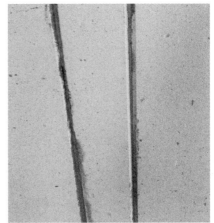

图 4.5-12　丁字墙拼版不合理

图 4.5-13　U 形卡侧边缝隙挤浆不密实

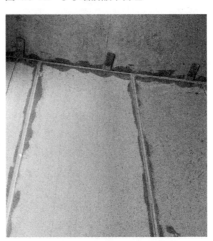

图 4.5-14　管卡顶部连接未设置缝隙

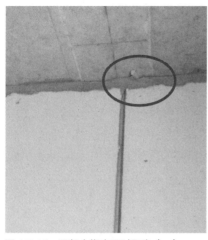

图 4.5-15　顶部木楔未及时取出（×）

图 4.5-16　条板底部塞缝不密实（×）

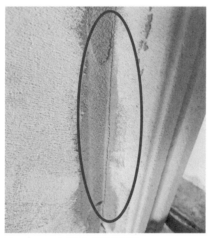

图 4.5-17　板缝出现纵向裂缝

图 4.5-18　门头板两侧设置构造柱

图 4.5-19　楼梯间隔墙端部未设置构造柱（×）

图 4.5-20　不同材料交界处未设置构造柱（×）

第 5 章

墙体薄抹灰施工工艺

本章提要

墙体薄抹灰施工工艺主要是指以抹灰石膏为材料，取代传统的水泥砂浆找平，用于室内建筑墙体抹灰找平的一种抹灰施工工艺。采用石膏薄抹灰施工工艺可减少墙体空鼓、开裂等质量通病；抹灰厚度一般控制在 5mm 以内，有利于提高工程质量，减少材料消耗，满足建筑节能的要求，在新型建筑工业化体系下使用广泛。

5.1

适用要求

本工艺适用于采用高精度模板（铝合金模板、大钢模板等）工艺施工的墙体或装配式预制墙体＋内隔墙条板／高精度砌体施工的项目。当采用高精度模板工艺＋普通砌体时，砌体墙需缩尺，首先将砌体墙面基层抹灰至与相邻剪力墙齐平，再进行薄抹灰。

薄抹灰施工工艺的材料主要包括抹灰石膏和轻质砂浆，主要应用于卧室、客厅及餐厅等无水房间墙面。

5.1.1 基层要求

剪力墙端企口留设及砌体墙缩尺要求：

（1）高精度模板＋普通砌体工艺：剪力墙端及梁侧预留企口深度 5~10mm，宽度 100mm；砌体每边缩尺 5~10mm（具体根据砖厚确定），如图 5.1-1、图 5.1-2 所示。

（2）高精度模板＋条板工艺：当采用侧边有 U 形企口的条板时，剪力墙端预留 5mm 深、100mm 宽的企口；当采用侧边为 V 字形企口的条板时，剪力墙端不留企口，如图 5.1-3 所示。

（3）高精度模板＋高精度砌体工艺：剪力墙不留企口，如图 5.1-4 所示，条板及砌体不缩尺。

图 5.1-1 剪力墙、梁端设置企口

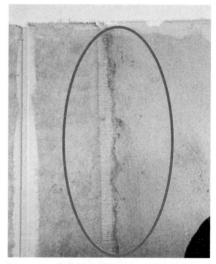

图 5.1-2 砌体墙面基层抹灰至剪力墙齐平

图 5.1-3　高精度模板 + 条板工艺　　　　　图 5.1-4　高精度模板 + 高精度砌体工艺

5.1.2　材料要求

根据现行《抹灰石膏》（GB/T 28627）的规定，抹灰石膏按用途分为底层抹灰石膏、面层抹灰石膏、轻质底层抹灰石膏及保温层抹灰石膏等。墙体薄抹灰一般采用底层或轻质底层抹灰石膏，如图 5.1-5、图 5.1-6 所示。

采用机械喷涂作业的抹灰石膏需满足抗流挂性等指标，目前以轻质喷涂抹灰石膏应用较多。

1．材料准备

砂浆采用石膏砂浆，需根据施工计划及时备料，同时严格控制材料质量。

2．机具准备

机具包括搅拌器、机械喷涂抹灰工具、阴阳角抹子、阴阳角尺、刮尺、卷尺、激光投线仪等。

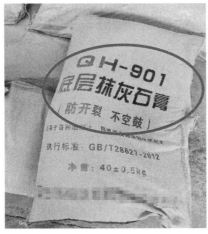

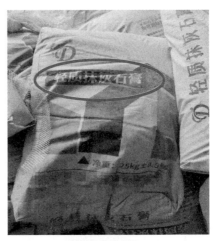

图 5.1-5　底层抹灰石膏　　　　　　　图 5.1-6　轻质底层抹灰石膏

5.2

墙体薄抹灰施工

5.2.1　工作面移交

严格做好工序交接检查，施工中控制主体结构的垂直度、平整度质量，要求其偏差在允许范围内，砌体垂直度、平整度、灰缝饱满度应符合质量要求。

对预留、预埋线管、线盒进行检查，防止漏埋、错埋、穿线不通等带来的剔凿、返工处理。

1．基层清理

（1）基层抹灰前应将基层表面的尘土、污垢、油渍等清理干净；对砌块灰缝预先处理到位，不同基体之间高低不平处应预先打磨、修补到位，如图 5.2-1、图 5.2-2 所示。

砌体墙抹灰前一天对墙体进行喷水湿润处理，水应渗入墙面内 10~20mm。根据天气情况可在施工前 2~3h 再次喷水湿润，抹灰前墙面不得有明水。

（2）不同墙材交接处需按构造措施进行增强加固处理，墙柱不同材质交接处应铺设耐碱玻纤网格布，楼梯间按要求铺挂钢丝网，每边搭接宽度不小于 100mm，如图 5.2-3、图 5.2-4 所示。

图 5.2-1　混凝土墙面打磨修补

图 5.2-2　墙体基层清理

图 5.2-3　室内墙体不同材料交接处铺挂耐碱　　　图 5.2-4　楼梯间不同材料交接处铺挂钢丝网
　　　　　玻纤网

2．界面处理

　　墙体界面处理一般有乳液型界面剂直接涂刷和灰浆甩浆后再拍浆拉毛两种形式，加气混凝土基层可不作界面处理，如图 5.2-5~图 5.2-10 所示。

图 5.2-5　厅室混凝土墙面甩浆界面处理　　　　图 5.2-6　飘窗两侧墙体界面处理

图 5.2-7　楼梯间墙面甩浆界面处理

图 5.2-8　厨卫间墙体甩浆拉毛界面处理

图 5.2-9　砌体墙面界面处理

图 5.2-10　乳液型界面剂

5.2.2　定位放线

抹灰前根据设计施工图，在地面弹出控制线（300mm 控制线），并与砌筑控制线复合，以确保控制线的准确性。依据控制线控制抹灰的垂直度、平整度及方正性，如图 5.2-11 所示。

用红外仪将墙体轴线分别投影在地面及两侧墙面上，根据投影线与墙面的距离，在 2m 左右高度，离墙两阴角 10~20cm 处，各做一个标准灰饼，大小在 5cm 左右见方。抹灰饼时先抹上部灰饼，再抹下部灰饼，然后用靠尺检查垂直度，灰饼水平间距不大于 1.5m，窗口、阴阳角处必须做灰饼，如图 5.2-12 所示。

图 5.2-11 弹出定位线

图 5.2-12 墙面抹灰饼前打点

5.2.3 打点冲筋

打点冲筋是指在砌体或剪力墙上抹灰前做出石膏或砂浆基点，抹灰时都按照这个高度进行施工。

（1）选用专用砂浆做冲筋。

（2）冲筋必须到底到顶。

（3）门窗洞口边、阴阳角 100~150mm 处必须用冲筋找方正。

（4）冲筋间距 ≤ 1500mm（宜在 1200~1500mm），冲筋厚度为抹灰层厚度，宽度 30~50mm。

下面给出各个墙体的冲筋现场做法，如图 5.2-13~图 5.2-20 所示。

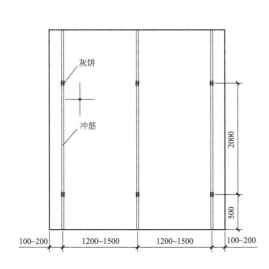

图 5.2-13 墙体冲筋示意图

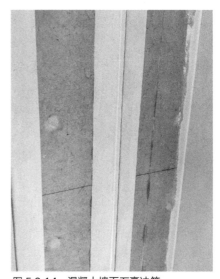

图 5.2-14 混凝土墙面石膏冲筋

图 5.2-15　高精度砌体墙面底层石膏冲筋

图 5.2-16　ALC 墙面石膏冲筋

图 5.2-17　普通砌块墙体石膏冲筋

图 5.2-18　楼梯间墙体石膏冲筋

图 5.2-19　飘窗部位石膏冲筋

图 5.2-20　聚合物砂浆冲筋

5.2.4　料浆搅拌

人工搅拌：先将水放入搅拌桶，再倒入抹灰石膏干混料，用手提式搅拌器搅拌 2~5min，静置 3~5min 后再进行二次搅拌，方可使用。拌和后抹灰石膏浆料要求在初凝前用完，应随拌随用，已经初凝的浆料不得再次加水搅拌使用，如图 5.2-21 所示。

喷浆机搅拌（图 5.2-22）：轻质砂浆采用机械搅拌，按粉：水 =1:（0.4~0.45）（重量比），在桶内先加适量清水，再加入轻质砂浆，机械搅拌到适宜稠度，静置 3~5min，再次搅拌均匀，即可使用。大面积施工时，可采用强制式搅拌机搅拌砂浆，以提高工效。

在喷涂作业前，对设备进行调试，使流出的机喷石膏黏稠度满足施工要求。喷浆过程中也可随时对砂浆黏稠度进行调整。

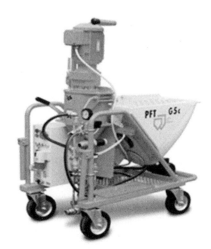

图 5.2-21　人工搅拌石膏砂浆　　　　图 5.2-22　石膏砂浆喷涂机械设备

5.2.5　浆料上墙

手工抹灰：手工上墙时必须分层涂抹，需要稍用力用钢抹子按压墙上的抹灰石膏，使抹灰石膏牢牢粘贴在基层墙体上。第一遍，垂直方向涂抹、按压抹灰石膏；第二遍，水平方向涂抹、按压抹灰石膏。两遍涂抹和按压的方向必须垂直进行才能确保抹灰石膏和基层墙体的粘接效果，如图 5.2-23、图 5.2-24 所示。

机械喷涂：喷涂时喷枪与墙面的夹角和距离应控制合理。喷枪移动轨迹自上而下，规则有序，不宜交叉重叠。喷浆厚度宜超过标筋 1mm 左右。按墙面标筋划分喷涂区域，一个冲筋间距内的墙面应连续喷涂完成，如图 5.2-25、图 5.2-26 所示。

图 5.2-23　底层石膏抹灰

图 5.2-24　手工抹灰

图 5.2-25　机械喷涂石膏薄抹灰样板

图 5.2-26　机械喷涂石膏薄抹灰施工

5.2.6　分层抹灰

（1）根据冲筋厚度，可分层抹灰，第一遍抹灰完成干燥后，第二遍抹灰前需剔除墙面产生的"气泡"，分层抹灰宜间隔 24h 以上。抹灰层达到冲筋厚度时，用大杠刮平即可，如图 5.2-27~图 5.2-29 所示。

（2）阴角两侧墙体不宜同时施工，待阴角一侧墙体抹灰硬化后再施工另一侧墙体相邻的冲筋单元。

（3）刮平时应以一个冲筋间距为一个施工单元，单独完成后方可进行下一个施工单元施工。

图 5.2-27　分层刮涂

图 5.2-28　二次刮平

图 5.2-29　面层石膏刮平

图 5.2-30　阳角薄抹灰做法

（4）阴阳角收口。阳角收口做法：独立阳角第一个侧墙体抹灰时，需在另一侧粘贴一根铝合金靠尺，以保证与冲筋面平齐。待独立阳角另外一个侧墙体抹灰时，再将铝合金靠尺粘贴在已施工完毕且硬化的一侧墙体抹灰层上，待抹灰石膏硬化后将铝合金靠尺轻轻拿开，即可完成一个阳角。墙体阳角和门洞口的阳角抹灰要求线角清晰，防止碰坏，如图 5.2-30 所示。

阴角收口做法：在收光之前直接用阴角刮刀修角，做出一个顺直的阴角，然后用阴角抹刀将阴角收光，如图 5.2-31 所示。墙体薄抹灰阴角修补如图 5.2-32 所示。

图 5.2-31　墙体阴角薄抹灰

图 5.2-32　墙体薄抹灰阴角修补

（5）墙体成活观感

1）施工完毕的墙面应避免磕碰及水冲浸泡。

2）抹灰完成的房间应保持环境通风干燥，不得在未完全干燥的完成面上放置遮盖物，或进行下一道工序，避免其他材料在潮湿环境下发霉污染抹灰层。

各个部位墙体薄抹灰现场的成活效果，如图 5.2-33~图 5.2-44 所示。

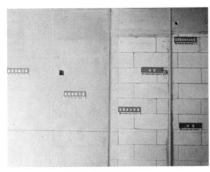
图 5.2-33　薄抹灰施工样板

图 5.2-34　客厅墙体薄抹灰观感

图 5.2-35　脚线处贴砖预留薄抹灰

图 5.2-36　脚线不贴砖薄抹灰到底

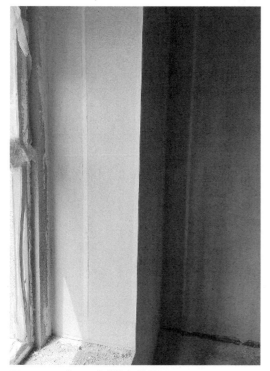

图 5.2-37　窗口石膏薄抹灰效果

图 5.2-38　窗口聚合物砂浆薄抹灰

图 5.2-39　阳台墙体石膏薄抹灰

图 5.2-40　公共区墙体聚合物砂浆薄抹灰

图 5.2-41　楼梯间隔墙石膏抹灰效果

图 5.2-42　楼梯间外墙石膏抹灰效果

图 5.2-43　卫生间墙聚合物砂浆薄抹灰　　　　图 5.2-44　厨房墙体聚合物砂浆薄抹灰

5.2.7　实测实量

　　（1）薄抹灰采用轻质喷涂抹灰石膏粘接强度高，与墙体结合紧密，墙面空鼓开裂概率大大降低，耐水效果也明显优于传统的水泥砂浆。

　　（2）施工精度高，抹灰垂直度、平整度实测实量数据均优于传统抹灰。

　　（3）抹灰厚度远低于传统抹灰，大大减少抹灰材料用量和垂直运输的工作量。

　　根据全国各区域实测实量数据来看，墙面抹灰垂直度、平整度、阴阳角方正度等关键指标比规范允许偏差能提升 50% 以上，工程质量显著提升，（图 5.2-45~图 5.2-56）为部分现场的实测实量数据。

图 5.2-45　薄抹灰数据实测实量　　　　　　图 5.2-46　墙体薄抹灰数据上墙

图 5.2-47　墙体薄抹灰厚度 3~4mm

图 5.2-48　墙体薄抹灰厚度局部 10mm

图 5.2-49　墙体薄抹灰厚度 3~4mm

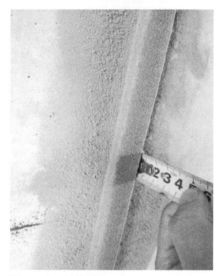

图 5.2-50　冲筋厚度 5mm

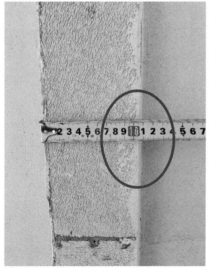

图 5.2-51　高精砌块薄抹灰厚度 3mm

图 5.2-52　窗口聚合物砂浆厚度 5mm

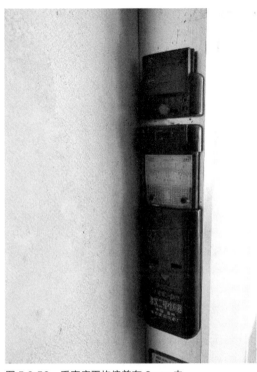

图 5.2-53　垂直度平均偏差在 3mm 内

图 5.2-54　平整度平均偏差在 2mm 内

图 5.2-55　阴角方正度实测实量

图 5.2-56　阳角方正度实测实量

5.3

墙体薄抹灰常见问题

笔者在现场检查中发现，ALC 条板在安装过程中经常存在以下问题：

（1）混凝土基层处理不到位，如铝模墙体产生的孔洞，界面剂涂刷不到位等情况，会在分层抹灰时产生大量气泡，如图 5.3-1 所示。

（2）卫生间、公共区域采用聚合物砂浆薄抹灰时，当厚度超过 8mm，极易导致墙体抹灰开裂，如图 5.3-2、图 5.3-3 所示。

（3）基层未涂刷界面剂或基底在抹灰前未进行墙体润湿，导致墙体吸水率过大，造成底层抹灰开裂脱落及面层抹灰龟裂严重，如图 5.3-4、图 5.3-5 所示。

（4）墙体基层挂网未修补到位，就进行下一道工序，如图 5.3-6 所示。

（5）墙面薄抹灰时未严格按照工艺要求进行分层抹灰，导致墙体抹灰存在气泡、流坠、孔洞等质量问题需二次修补，如图 5.3-7 所示。

（6）由于墙体基层面条板接缝未处理到位，导致后期墙体抹灰面层出现竖向裂缝，如图 5.3-8、图 5.3-9 所示。

（7）由于前期对薄抹灰策划不到位，导致后期薄抹灰时墙角处由两种不同材料收口，如图 5.3-10 所示。

图 5.3-1　混凝土基层抹灰产生大量气泡

图 5.3-2　卫生间聚合物砂浆抹灰开裂

图 5.3-3　公共区聚合物砂浆抹灰开裂

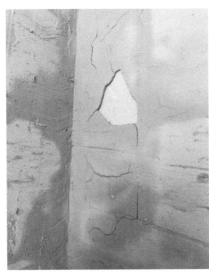

图 5.3-4　底层抹灰开裂脱落

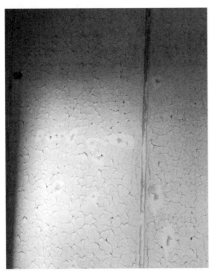

图 5.3-5　脱落面层抹灰龟裂严重

图 5.3-6　基层挂网未修补到位（×）

图 5.3-7　墙面薄抹灰二次修补

图 5.3-8　墙体抹灰面层竖向裂缝

图 5.3-9　条板基层竖向裂缝维修

图 5.3-10　墙角部位由两种抹灰材料收口

（8）基层处理时，不同材料交接处未按工艺要求进行铺挂玻纤网，后期存在石膏抹灰面层开裂隐患，如图 5.3-11 所示。

（9）外墙穿墙螺栓孔封堵发泡胶未清理到位就进行冲筋，不符合工艺要求，如图 5.3-12所示。

图 5.3-11　不同材料交接处未挂网（×）

图 5.3-12　基层墙体未处理到位（×）

（10）进行墙体石膏薄抹灰时，需统筹考虑后期装修踢脚线的用料，若是采用石材粘贴，抹灰时需预留出相应位置，如图 5.3-13 所示。

（11）飘窗窗口侧边在铝模深化时应考虑拉片压槽，否则后期薄抹灰无法同大墙面一同施工，如图 5.3-14 所示。

（12）基层墙体处理时，线盒处挂网修补不到位，后期石膏薄抹灰存在裂缝隐患，如图 5.3-15 所示。

（13）ALC 条板与混凝土墙体转角交界处未考虑设置压槽，如图 5.3-16 所示。

图 5.3-13　客厅脚线贴砖处未预留

图 5.3-14　窗口侧边未考虑薄抹灰

图 5.3-15　基层线盒处未挂网修补

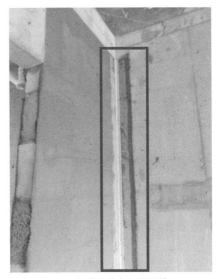

图 5.3-16　阴角处墙体未设置压槽

（14）二次结构时，若填充墙采用条板或高精度砌块砌筑时，可不考虑压槽，如图 5.3-17、图 5.3-18 所示。

（15）厨房、卫生间预埋水管墙体基层处理不到位，导致后期墙体聚合物砂浆薄抹灰产生开裂隐患，如图 5.3-19 所示。

（16）石膏薄抹灰墙体出现渗漏水，需在前期墙体基层处理检查合格后进行移交，如图 5.3-20 所示。

图 5.3-17　条板与梁交接处可不设企口

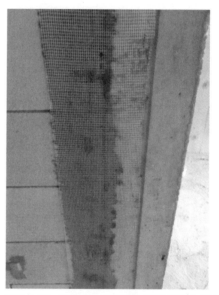
图 5.3-18　高精砌块与混凝土墙体交接处可不设企口

图 5.3-19　卫生间聚合物砂浆抹灰开裂

图 5.3-20　墙体薄抹灰后渗漏水

参考文献

［1］中华人民共和国住房和城乡建没部. 混凝土结构设计规范：GB 50010—2010［S］. 北京：中国建筑工业出版社，2010.

［2］中华人民共和国住房和城乡建设部. 高层建筑混凝土结构技术规程：JGJ3—2010［S］. 北京：中国建筑工业出版社，2010.

［3］中华人民共和国住房和城乡建没部. 混凝土结构施工规范：GB 50666—2011［S］. 北京：中国建筑工业出版社，2011.

［4］中华人民共和国住房和城乡建设部. 混凝土结构耐久性设计标准：GB/T 50476—2019［S］. 北京：中国建筑工业出版社，2019.

［5］中国建筑股份有限公司. 清水混凝土应用技术规程：JGJ169—2009［S］. 北京：中国建筑工业出版社，2009.

［6］中华人民共和国住房和城乡建设部. 装配式混凝土结构技术规程：JGJ1—2014［S］. 北京：中国建筑工业出版社，2014.

［7］中华人民共和国住房和城乡建设部. 装配式混凝土建筑技术标准：GB/T 51231—2016［S］. 北京：中国建筑工业出版社，2016.

［8］郭学明. 清水、预制、装饰混凝土及 GRC 裂缝的成因、预防与处理［M］. 北京：机械工业出版社，2021.

［9］冯乃谦，顾晴霞，郝挺宇. 混凝土结构的裂缝与对策［M］. 北京：机械工业出版社，2008.

［10］冯乃谦，笠井芳夫，顾晴霞，清水混凝土［M］. 北京：机械工业出版社，2011.

［11］郭学明. 装配式混凝土结构建筑的设计、制作与施工［M］. 北京：机械工业出版社，2017.

［12］李营. 装配式混凝土建筑——构件工艺设计与制作 200 问［M］. 北京：机械工业出版社，2017.

［13］杜常岭. 装配式混凝土建筑——施工安装 200 问［M］. 北京：机械工业出版社，2018.

［14］王炳洪. 装配式混凝土建筑——设计问题分析与对策［M］. 北京：机械工业出版社，2020.

［15］张健. 装配式混凝土建筑——构件制作问题分析与对策［M］. 北京：机械工业出版社，2020.

［16］段玉顺，徐长伟. 图解建筑工程施工手册［M］. 北京：化学工业出版社，2021.